AutoUni – Schriftenreihe

Band 178

Reihe herausgegeben von

Volkswagen Aktiengesellschaft, Volkswagen Group Academy, Wolfsburg, Deutschland

Nils Gruner

Konzeptentwicklung einer Methodik zur Anforderungserhebung für Torque Vectoring Systeme in Elektrofahrzeugen

Springer Vieweg

Nils Gruner
AutoUni
Wolfsburg, Deutschland

Dissertation an der Technischen Universität Braunschweig, Fakultät für Elektrotechnik, Informationstechnik, Physik

ISSN 1867-3635 ISSN 2512-1154 (electronic)
AutoUni – Schriftenreihe
ISBN 978-3-658-49167-3 ISBN 978-3-658-49168-0 (eBook)
https://doi.org/10.1007/978-3-658-49168-0

Die Deutsche Nationalbibliothek verzeichnet diese Publikation in der Deutschen Nationalbibliografie; detaillierte bibliografische Daten sind im Internet über https://portal.dnb.de abrufbar.

Planung/Lektorat: Friederike Lierheimer
Springer Vieweg ist ein Imprint der eingetragenen Gesellschaft Springer Fachmedien Wiesbaden GmbH und ist ein Teil von Springer Nature.
Die Anschrift der Gesellschaft ist: Abraham-Lincoln-Str. 46, 65189 Wiesbaden, Germany

Vorwort

Die vorliegende Arbeit entstand während meiner Tätigkeit als Doktorand bei der Volkswagen AG in der Vorentwicklung in der Fachabteilung für Fahrwerkregelsysteme.

Mein besonderer Dank gilt meinem Doktorvater Herrn Prof. Dr.-Ing. Markus Henke am Lehrstuhl für Elektrische Antriebssysteme des Instituts für Elektrische Maschinen, Antriebe und Bahnen der Technischen Universität Braunschweig für die fachliche Betreuung dieser Arbeit und die mir gewährten Freiräume bei der Bearbeitung des Projektes.

Frau Prof. Dr. Anna-Lena Menn danke ich für die Übernahme des Korreferats. Ebenso danke ich Prof. Dr. Michael Terörde für die Übernahme des Vorsitzes.

Für die fachliche Betreuung bei der Volkswagen AG und die anregenden Diskussionen danke ich Herrn Dr.-Ing. Martin Jaensch, Herrn Prof. Dr.-Ing. Steffen Greiser sowie meinem direkten Vorgesetzten Herrn Jan-Oliver Hamborg. Darüber hinaus gilt mein Dank allen Kolleginnen und Kollegen der Volkswagen AG, mit denen ich während meiner Tätigkeit zusammengearbeitet habe.

Ein weiterer Dank gilt meinen Praktikanten und Masteranden, die einen wichtigen Beitrag zu dieser Arbeit geleistet haben.

Abschließend danke ich ganz herzlichen meiner Familie für die Ermöglichung meiner Ausbildung und die großartige Unterstützung während dieser Zeit.

Nils Gruner

Kurzfassung

Die vorliegende Arbeit beschäftigt sich mit einer Methodik, die eine Anforderungserhebung für Torque Vectoring Systeme ermöglichen soll. Ein Torque Vectoring System erlaubt die Beeinflussung des Fahrverhaltens durch eine Querverteilung der Antriebskraft mit Hilfe von Stelleingriffen.

Der Kern der Methodik ist die Unterscheidung zwischen dem Grundfahrverhalten, welches das durch die Konstruktionsdaten vorgegebene Fahrverhalten eines Fahrzeugs abbildet, und dem Wunschfahrverhalten, welches das durch das Regelsystem einzustellende Fahrverhalten des Fahrzeugs darstellt. Für das Grundfahrverhalten, das Wunschfahrverhalten sowie deren Eingangs- und Ausgangsgrößen werden geeignete Modelle bestimmt, mit denen eine Berechnung der erforderlichen Stelleingriffe durchgeführt wird. Aus der Berechnung der erforderlichen Stelleingriffe lassen sich wiederum die Anforderungen an das Torque Vectoring System ableiten.

Da zu Beginn des Entwicklungszyklus das gewünschte Fahrverhalten des Fahrzeugs nicht vollständig bekannt ist, erfolgt dessen Parametrierung durch einen Algorithmus des maschinellen Lernens. Dabei errechnet der Algorithmus das Wunschfahrverhalten aus bereits in der Vergangenheit durchgeführten und am Kunden validierten Parametrierungen.

Mit den ermittelten Anforderungen wird abschließend das Fahrverhalten eines Fahrzeugs in der Simulation für kupplungsbasierte und elektromechanische Torque Vectoring Systeme untersucht. Hierzu erfolgt eine Auswertung geeigneter Längs- und Querdynamikuntersuchungen.

Abstract

This thesis deals with a methodology that is intended to enable a requirements analysis for torque vectoring systems. A torque vectoring system allows the driving behaviour to be influenced by lateral distribution of the driving force with the aid of control interventions.

The core of the methodology is the distinction between the basic driving behaviour, which represents the driving behaviour of a vehicle specified by the design data, and the desired driving behaviour, which represents the driving behaviour of the vehicle to be set by the control system. Suitable models are determined for the basic driving behaviour, the desired driving behaviour and their input and output variables, which are used to calculate the required control interventions. The requirements for the torque vectoring system can in turn be derived from the calculation of the required control interventions.

As the desired driving behaviour of the vehicle is not fully known at the start of the development cycle, it is parameterised using a machine learning algorithm. The algorithm calculates the desired driving behaviour from parameterisations that have already been carried out in the past and validated on the customer.

Finally, the driving behaviour of a vehicle is examined in the simulation for clutch-based and electromechanical torque vectoring systems using the requirements determined. For this purpose, suitable longitudinal and lateral dynamics are analysed.

Inhaltsverzeichnis

Abkürzungsverzeichnis

ABS	Anti-Blockier-System
ACC	Adaptive Cruise Control
BTV	Brake Torque Vectoring
DCC	Damping Cruise Control
DM	Doppelmotor
EDS	Elektronische Differentialsperre
EM	Elektrische Maschine
ESP	Elektronisches Stabilitätsprogramm
FXD	Front Cross Differential
OD	Offenes Differential
QS	geregelte Quersperre
TS	Torque Splitter
TV	Torque Vectoring
ÜG	Elektrisches Überlagerungsgetriebe
VKM	Verbrennungskraftmaschinen

Symbolverzeichnis

Tabelle 1 Lateinische Buchstaben

a	Beschleunigung
b	Breite
c	Schräglaufsteifigkeit
C	Reifenparameter
D	Reifenparameter und Dämpfungsmaß
E	Reifenparameter
EG	Eigenlenkgradient
f	Frequenz
F	Kraft
FP	Fahrpedalwert
g	Erdbeschleunigung
G	Übertragungsfunktion
h	Höhe
i	Übersetzungsstufe
j	Massenträgheitsmoment
k	Konstante
l	Länge
m	Masse
M	Drehmoment
n	Drehzahl
P	Leistung

r	Reifenradius
s	Laplace-Variable und Reifenschlupf
S	Reifenparameter
t	Zeit
T	Zeitkonstante und Verzugszeit
v	Geschwindigkeit
w	Gewicht
X	Längsachse
Y	Querachse
z	Nullstelle

Tabelle 2 Griechische Buchstaben

α	Schräglaufwinkel
β	Schwimmwinkel
δ	Lenkwinkel
Δ	Differenz
η	Ausnutzung
λ	Applikationsfaktor
Λ	Applikationsfaktor
μ	Reibwert
ρ	Kurvenradius
ϕ	Phasenwinkel
ψ	Gierwinkel
ω	Kreisfrequenz und Umfangsgeschwindigkeit

Tabelle 3 Indizes

a	Beschleunigung
A	Ausgangsgröße
dyn	Dynamische Größe
D	Dämpfungsmaß
Diff	Differenz
e	Eigenfrequenz
E	Eingangsgröße
EM	Luftspaltmoment

G	Getriebeübersetzung
h	Hinterachse
i	I-Anteil Regler
ist	Ist-Größe
K	Kupplungssystem
l	Links
L	Lenkübersetzung
max	Maximalwert
min	Minimalwert
M	Drehmoment
p	P-Anteil Regler
pot	Potential
r	Rechts
rad	Radbezogene Größe
ref	Referenzgröße
res	Resultierende Größe
red	Reduzierte Größe
R	Regler
sat	Saturrierende Größe
soll	Soll-Größe
stat	Stationäre Größe
SR	Schlupfregler
t	Totzeit
TS	Triebstrang
TV	Torque-Vectoring
v	Vorderachse
V	Fahrzeugfestes Achsensystem
w	Radfestes Achsensystem
x	Längsrichtung
y	Querrichtung
z	Vertikalrichtung
α	Schräglaufwinkel
β	Schwimmwinkel
δ	Lenkwinkel
ψ	Gierwinkel
ω	Kreisfrequenz
0	Wert zum Startzeitpunkt
1	Wert nach einer Sekunde

1 Einleitung

Nach Angaben des Kraftfahrtbundesamtes [KB24] macht der Bestand an Elektrofahrzeugen in der Bundesrepublik Deutschland im Januar 2024 zwar erst einen Anteil von 2, 32 % am Gesamtfahrzeugbestand aus, jedoch ist ein kontinuierliches Wachstum zu verzeichnen. Die Bundesregierung [Bun22] formuliert ihr Ziel von 15 Millionen Elektroautos bis 2030. Nach der Prognose von Statista [Dep24] in Abbildung 1.1 auf Basis des aktuellen Trends wird dieses Ziel zwar nicht ganz erreicht, es werden aber bis zu 10 Millionen Elektroautos erwartet. Für die Fahrzeughersteller stellt sich mit dem Einzug der Elektromobilität die Herausforderung, bestehende markenspezifische Eigenschaften und Charakteristika nicht zu verlieren. Kaspar [KSBH14] formuliert hierzu wesentliche Anforderungen:

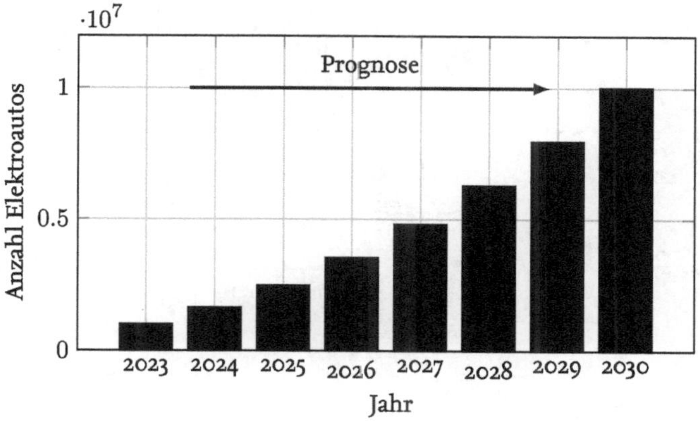

Abbildung 1.1 Prognose des absoluten Bestandes von Elektroautos in Deutschland nach [Dep24]

N. Gruner, *Konzeptentwicklung einer Methodik zur Anforderungserhebung für Torque Vectoring Systeme in Elektrofahrzeugen*, AutoUni – Schriftenreihe 178,
https://doi.org/10.1007/978-3-658-49168-0_1

- Hohe Reichweite
- Keine Einschränkung in der Beladung
- Agilität, Souveränität und Fahrsicherheit
- Personenschutz

Die Fahrzeughersteller definieren diese und weitere Anforderungen zu Beginn des Entwicklungszyklus und orientieren sich dabei an dem in Abbildung 1.2 von Flor [Flo11] dargestellten, auf die Fahrwerksentwicklung übertragenen V-Entwicklungsmodell. Nach Jaensch [Jae21] werden die Basisdaten des Fahrzeugs weiter auf die System- und Komponentenebene heruntergebrochen und im Fahrzeug implementiert. Danach erfolgen die Tests und Absicherungen zunächst auf der Komponenten-, dann auf der System- und schließlich auf der Produktebene.

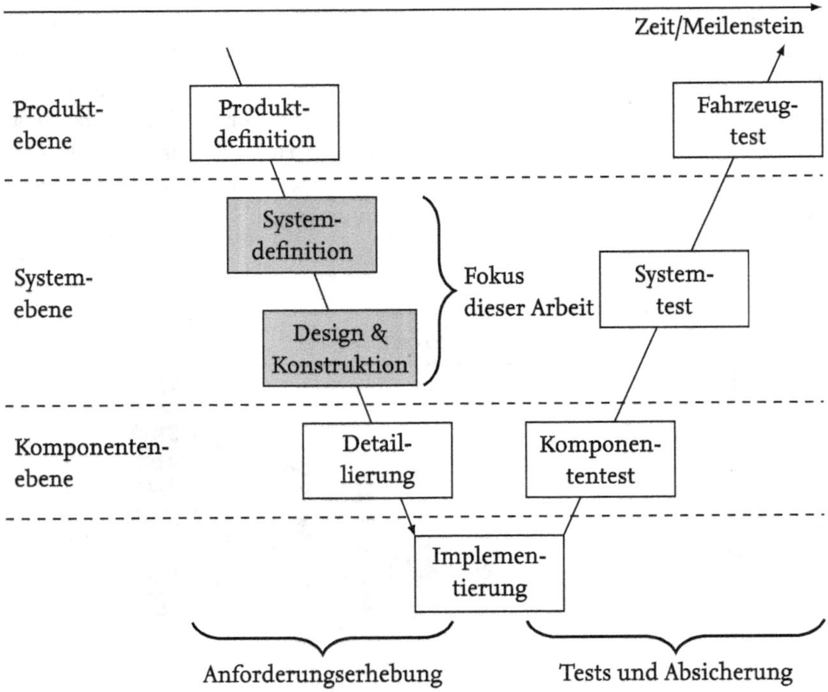

Abbildung 1.2 V-Entwicklungsmodell für die Fahrwerksentwicklung in Anlehnung an [Flo11]

Der Schwerpunkt dieser Arbeit liegt auf der Entwicklung einer systematischen Methodik zur produktorientierten Anforderungserhebung auf Systemebene. Mithilfe dieser Methodik sollen bereits in der frühen Entwicklungsphase auf Grundlage der Produktdefinition des Fahrzeugs Vorhersagen über die erforderlichen Zielparameter auf Komponentenebene getroffen werden. Dabei wird das Torque Vectoring (TV)-System als zu definierende Komponente betrachtet. Es verteilt das Antriebsmoment an einer Fahrzeugachse mithilfe eines oder mehrerer Nebenaggregate und kann somit fahrsituationsspezifisch auf die Fahrzeugbewegung einwirken sowie markenspezifische Eigenschaften beeinflussen.

Das Vorgehen folgt hierbei dem Ablaufdiagramm in Abbildung 1.3. Zunächst wird im Kapitel 2 zum Stand der Technik ein Überblick über die Wirkung von TV gegeben und die dafür notwendigen Systeme beschrieben. Aus dem aktuel-

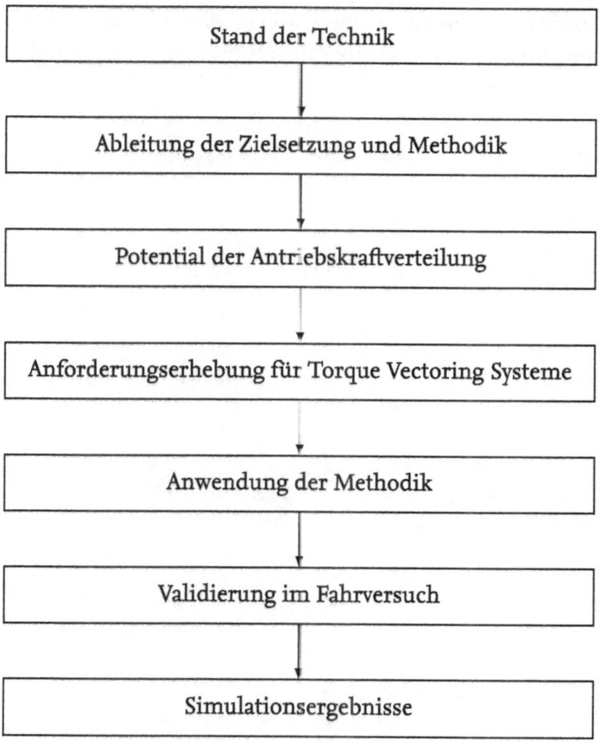

Abbildung 1.3 Gliederung und Struktur dieser Arbeit

len Forschungsstand wird in Kapitel 3 die Zielsetzung dieser Arbeit abgeleitet. Im Anschluss erfolgt im Kapitel 4 eine analytische Berechnung des fahrdynamischen Potentials einer Antriebsmomentenverteilung. Das Ziel besteht hierbei darin, das Systemverständnis zusammenzufassen und den erforderlichen Momenten- und Leistungsbedarf eines TV-Systems, ausgehend vom Kraftpotential der Reifen, zu formulieren. Im Kern dieser Arbeit wird im Kapitel 5 eine Detaillierung der Anforderungserhebung mit direktem Bezug zur Produktdefinition des Fahrzeugs vorgenommen. Anschließend wird die Anforderungserhebung im Kapitel 6 auf den zu erwartenden Arbeitsraum des Fahrzeugs angewendet. Im Kapitel 7 wird ein Systemtest in Form eines Fahrversuchs ausgewertet, bei dem der erhobene Momentenbedarf dem realen Momentenbedarf eines TV-Systems gegenübergestellt werden. Abschließend erfolgt im Kapitel 8 eine neutrale Bewertung der im Stand der Technik beschriebenen TV-Systeme für Elektrofahrzeuge, bei der ihre Gemeinsamkeiten und Unterschiede im Vergleich zu einem Referenzfahrzeug mit offenem Differential dargestellt werden. Hierzu wird ein elektrifizierter Antriebsstrang mit den TV-Systemen modelliert, mit einer Regelstruktur verknüpft und in eine Simulationsumgebung integriert.

2 Stand der Technik

Dieses Kapitel gibt einen Überblick über das Torque Vectoring (TV), die erforderlichen Systeme und deren Anforderungserhebung. Zunächst wird im Abschnitt 2.1 der Einfluss von TV auf das Fahrverhalten eines Fahrzeugs erläutert. Nachfolgend werden im Abschnitt 2.2 die dafür erforderlichen Systeme vorgestellt und beschrieben. Abschließend wird im Abschnitt 2.3 der aktuelle Serien- und Forschungsstand zusammengefasst und daraus die Zielsetzung dieser Arbeit abgeleitet.

2.1 Einführung in die Querverteilung von Antriebskräften

Die Wirkung einer Querverteilung von Längskräften ist in Abbildung 2.1 schematisch anhand einer Prinzipskizze eines Fahrzeugs dargestellt. In einer Kurvenfahrt beeinflusst das zusätzlich zur Lenkbewegung des Fahrers wirkende Giermoment ΔM_{z} das Fahrverhalten. Die Wirkungsrichtung hängt dabei vom Differenzmoment ΔM_{Diff} ab, welches die Verteilung zwischen den Längskräften $F_{\mathrm{x,hl}}$ und $F_{\mathrm{x,hr}}$ ausdrückt. Eine Querverteilung der Längskräfte zur Kurvenaußenseite führt zu einer eindrehenden Fahrzeugbewegung und verringert den durchfahrenen Kurvenradius. Umgekehrt führt eine Verteilung zur Kurveninnenseite zu einem Ausdrehen und einer Vergrößerung des durchfahrenen Kurvenradius.

N. Gruner, *Konzeptentwicklung einer Methodik zur Anforderungserhebung für Torque Vectoring Systeme in Elektrofahrzeugen*, AutoUni – Schriftenreihe 178, https://doi.org/10.1007/978-3-658-49168-0_2

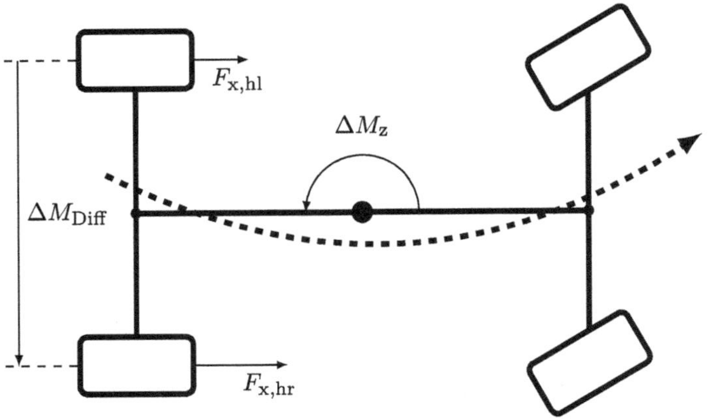

Abbildung 2.1 Bei Kurvenfahrt wird durch die Verteilung der Längskräfte zusätzlich zur Lenkbewegung des Fahrers eine Gierreaktion des Fahrzeugs hervorgerufen

Neben der Beeinflussung der Fahrzeugbewegungen in Kurvenfahrten können auch unterschiedliche Fahrbahnoberflächen eine Querverteilung der Längskräfte erfordern. Abbildung 2.2 zeigt ein Fahrzeug, bei dem die linke Fahrzeugseite ein

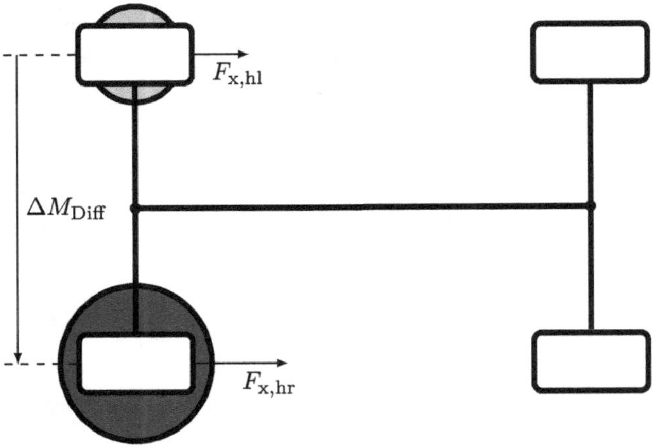

Abbildung 2.2 Die unterschiedlichen Potentiale der Reifen erfordern eine Verteilung der Längskräfte von der linken Fahrzeugseite $F_{\mathrm{x,hl}}$ zur rechten Fahrzeugseite $F_{\mathrm{x,hr}}$ mit Hilfe des Differenzmoments ΔM_{Diff}

geringeres Potential aufweist als die rechte Fahrzeugseite. Durch das Differenzmoment ΔM_{Diff} werden die Potentiale beider Reifen ausgenutzt. Es erfolgt eine Verteilung der Längskräfte von der Seite mit geringerem Potential $F_{\text{x,hl}}$ zur Seite mit höherem Potential $F_{\text{x,hr}}$ und sichert somit den Vortrieb des Fahrzeugs. Das Differenzmoment kann hierbei durch radselektive Bremseingriffe oder durch die Querverteilung der Antriebskräfte, dem TV, realisiert werden.

Die Beeinflussung der Fahrdynamik durch Bremseingriffe begann mit der Entwicklung des Anti-Blockier-System (ABS) [vZ+02] in den 1970er Jahren, welches den Bremsdruck gezielt reduziert und den Reifen im optimalen Arbeitspunkt hält. Umgekehrt verhindert das Elektronische Differentialsperre (EDS) ein Durchdrehen der Räder beim Beschleunigen des Fahrzeugs, indem es einen Teil des Antriebsmoments wegbremst. Die Weiterentwicklung dieser Schlupfregelsysteme führte 1995 zur Serienreife des Elektronisches Stabilitätsprogramm (ESP) von Bosch und Mercedes [EvZ95]. Das ESP reduziert durch radindividuelles Abbremsen eine Unter- oder Übersteuerneigung des Fahrzeugs in Kurvenfahrten. Im Untersteuerfall schiebt das Fahrzeug über die Vorderräder nach kurvenaußen, sodass Bremskräfte auf der Kurveninnenseite der Fahrzeugbewegung entgegenwirken. Im Übersteuerfall dreht das Fahrzeug mit dem Heck nach kurvenaußen, sodass Bremskräfte auf der Kurvenaußenseite das Fahrzeug stabilisieren. Nach Becker [BDGZ03] haben die Entwicklungen der Bremsregelsysteme zu einem erheblichen Sicherheitsgewinn und zur Reduzierung der Unfallzahlen beigetragen, weshalb heute Bremseingriffe mit dem Brake Torque Vectoring (BTV) auch außerhalb des sicherheitskritischen Fahrbereichs zur Beeinflussung der Fahrzeugbewegung eingesetzt werden. Beiker [Bei00] weist nach, dass der radindividuelle Bremseingriff das größte Potential zur Stabilisierung des Fahrzeugs besitzt. Aufgrund der auftretenden Längsverzögerung ist er jedoch unkomfortabel, sodass Berkner [BD01] den Wirkungsbereich einschränkt.

Die Funktionsweise des TV hat eine ähnliche Wirkung auf das Fahrverhalten wie die des ESP und des BTV, ohne den Nachteil des Diskomforts zu übernehmen. Anstatt einen Teil des Antriebsmoments abzubremsen, um die Reifen in einem optimalen Arbeitspunkt zu halten, wird das Antriebsmoment mit Hilfe eines zusätzlichen Aktors im Antriebsstrang verteilt. Folke [FBTK10] zeigt im Fahrversuch, dass hierbei eine tote Zone ohne Regelung des Fahrzeugs vermieden werden kann. Die in Anlehnung an [Kai15] skizzierte Abbildung 2.3 veranschaulicht diesen Zusammenhang. Die kontinuierliche Regelung im gesamten Fahrbereich ermöglicht es zudem, ein vom Fahrzeughersteller gewünschtes Fahrverhalten zu realisieren und die Notwendigkeit radindividueller Bremseingriffe zu reduzieren.

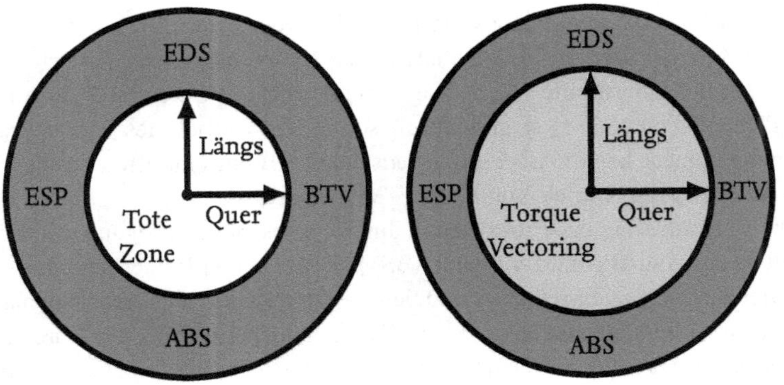

Abbildung 2.3 Wirkungsbereich von Regelsystemen im Fahrzeug in Anlehnung an [Kai15]. Die alleinige Verwendung von Bremsregelsystemen schränkt den Wirkungsbereich ein und führt zu einer toten Zone ohne Regelung. Torque Vectoring ermöglicht eine kontinuierliche Regelung und verringert die Notwendigkeit von Bremseingriffen

2.2 Systeme zur Querverteilung von Antriebskräften

In einem Fahrzeug verteilt ein offenes Differenzial die Antriebskraft gleichmäßig auf die Antriebswellen, sodass eine aktive Einflussnahme nicht möglich ist. Um eine Querverteilung der Antriebskräfte zu ermöglichen, müssen daher zusätzliche Aktuatoren in den Antriebsstrang integriert werden. Eine Drehmomentübertragung von der linken auf die rechte Antriebswelle kann dabei kupplungsbasiert oder elektromechanisch realisiert werden. Bei den kupplungsbasierten Systemen unterscheidet man zwischen der geregelten Quersperre, dem Torque Splitter und dem mechanischen Überlagerungsgetriebe. Ihr Einsatz ist sowohl in konventionellen Fahrzeugen als auch in Elektrofahrzeugen denkbar. In Elektrofahrzeugen erlauben die kompakte Bauweise und die hohe Leistungsdichte heutiger elektrischer Maschinen zudem den Einsatz innovativer Antriebsstrangkonzepte [Eck15]. Dies wird durch die Integration einer zweiten elektrischen Maschine an einer Antriebsachse erreicht. Die zweite elektrische Maschine kann dabei pro Rad in Form eines Doppelmotors oder in Form eines elektrischen Überlagerungsdifferentials angeordnet sein. In der Tabelle 2.1 sind bekannte elektrische Serienfahrzeuge mit integrierten TV-Systemen zusammengefasst. Nachfolgend wird ihre Funktionsweise beschrieben und ihre Abhängigkeit vom Antriebsmoment und der Raddrehzahldifferenz erläutert.

Tabelle 2.1 Serien-Elektrofahrzeuge mit Torque Vectoring Systemen

Serienfahrzeug	TV-System	Jahr
Mercedes AMG SLS electric [FLH13]	Radnabenmaschinen	2013
Porsche Taycan [New19]	Geregelte Quersperre	2019
Audi e-tron S [DFSB20]	Doppelmotor	2019
Audi e-tron GT [Med21a]	Geregelte Quersperre	2020
Tesla Model S Plaid [Tea23]	Doppelmotor	2021
Genesis GV60 [Gen22]	Geregelte Quersperre	2021
GMC Hummer EV [Ins21]	Doppelmotor	2021
Kia EV6 GT [Pre22]	Geregelte Quersperre	2022
Rivian R1T/R1S [Sto22]	Radnabenmaschinen	2022
Polestar 3 [Pol22]	Torque Splitter	2023
Lucid Air [Luc22]	Doppelmotor	2023

Geregelte Quersperre

Die in Abbildung 2.4 dargestellte geregelte Quersperre ermöglicht eine Verteilung der Antriebskräfte über ein Lamellenkupplungspaket. Die Ansteuerung des Kupplungspaketes behindert den Ausgleich des offenen Differentials und bewirkt eine variable Drehmomentenübertragung vom schnelleren auf das langsamere Rad. Die Richtung der Drehmomentübertragung ist somit durch die Differenz der Raddrehzahlen bestimmt, deren Kennfeld Abbildung 2.5 in Anlehnung an Meißner [Mei08] zeigt. Der Wirkungsbereich, in dem ein Drehmoment übertragen werden kann, ist grau dargestellt, sodass mit einer geregelten Quersperre nur eine fahrsituative Regelung im zweiten und vierten Quadranten bis zum maximal übertragbaren Kupplungsmoment ermöglicht wird.

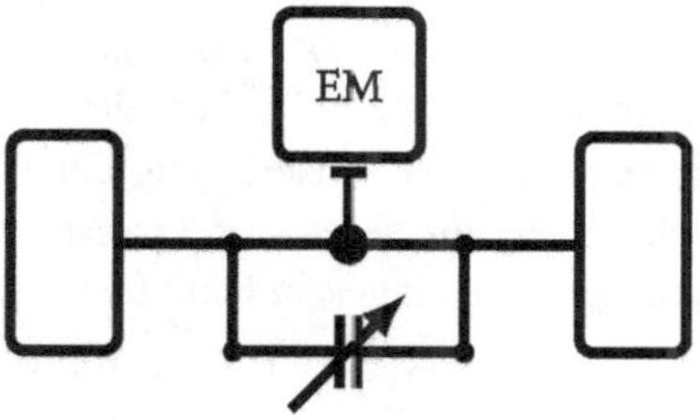

Abbildung 2.4 Skizzierte Darstellung der Antriebsstrangtopologie einer geregelten Quersperre in einem Elektrofahrzeug

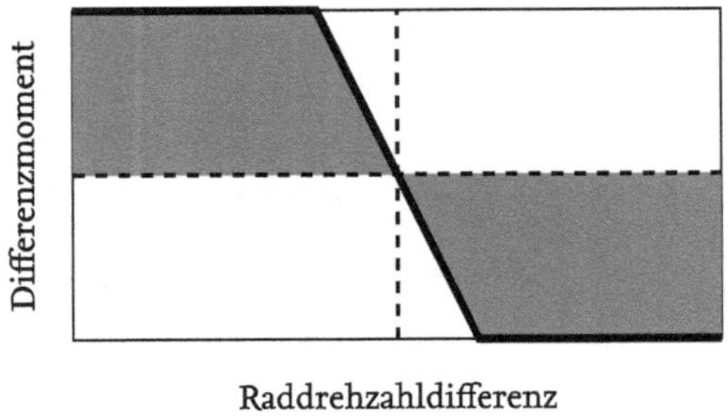

Abbildung 2.5 Kennfeld zwischen dem Differenzmoment und der Raddrehzahldifferenz für eine geregelte Quersperre in Anlehnung an Meißner [Mei08]

Bei konventionellen Fahrzeugen finden sich Beispiele für den Einsatz einer geregelten Quersperre sowohl an der Vorderachse als auch an der Hinterachse. Volkswagen setzt das von BorgWarner entwickelte Front Cross Differential (FXD) seit 2013 im frontangetriebenen Golf GTI ein [Nie13]. Porsche vermarktet mit dem Porsche Torque Vectoring eine geregelte Quersperre und setzt diese in heck- und allradangetriebenen Fahrzeugen ein [Pre16]. Das System wurde ebenfalls im elektrisch angetriebenen Porsche Taycan aus dem Jahr 2019 an der Hinterachse integriert [New19], welches auf der gleichen Plattform im Audi e-tron GT seit 2020 einsetzt [Med21a]. Hyundai verwendet das N Corner Carving Differential als geregelte Quersperre in ihre Elektrofahrzeuge und setzt diese im Kia EV6 GT [Pre22] sowie im Genesis GV60 [Gen22] aus den Modelljahren 2021 und 2022 ein.

Torque Splitter

Der Torque Splitter verteilt das anliegende Antriebsmoment über jeweils zwei geregelte Lamellenkupplungen auf die Antriebswellen, sodass auf ein offenes Differential verzichtet werden kann. Die Ansteuerung der Kupplungen ermöglicht eine variable Verteilung des anliegenden Antriebsmomentes, das heißt auch vom langsameren auf das schneller drehende Rad. Das maximale Kupplungsmoment bildet hierbei die Obergrenze. Abbildung 2.6 verdeutlicht diesen Zusammenhang. Ohne anliegendes Antriebsmoment führt die Ansteuerung der Kupplungen dagegen zu einem Drehzahlausgleich analog zur geregelten Quersperre. Der Torque Splitter ermöglicht somit ebenfalls nur eine eingeschränkte fahrsituative Querverteilung.

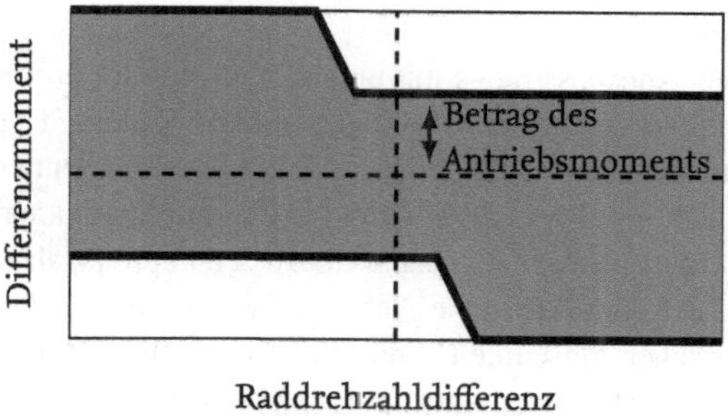

Abbildung 2.6 Kennfeld zwischen dem Differenzmoment und der Raddrehzahldifferenz für einen Torque Splitter in Anlehnung an Meißner [Mei08]

Honda hat den Torque Splitter mit dem System Super Handling – All Wheel Drive als erster in einem Serienfahrzeug umgesetzt und setzt ihn seit dem Modelljahr 2004 im Honda Legend und Acura R [Ats05] ein. Die Umsetzung erfolgt als Hang-On-System, bei dem eine Beschleunigungsstufe das Antriebsmoment der Verbrennungskraftmaschine an der Vorderachse auf den verbauten Torque Splitter an der Hinterachse übersetzt, sodass diese mit erhöhter Drehzahl dreht. Die so erzeugte Drehzahldifferenz zwischen Vorderachse und Hinterachse ermöglicht eine Längs- und Querverteilung des Antriebsmoments bei Ansteuerung der Kupplungen. Der Torque Splitter als Hang-on-System mit ähnlicher Wirkungsweise wird ebenfalls im Ford Focus RS [Cen15] ab dem Modelljahr 2016 sowie im Golf 8 R [Sch20] und im Audi RS3 [Med21b] ab dem Modelljahr 2020 verbaut.

Bei Elektrofahrzeugen ist ein Hang-On-System nicht erforderlich, da der Torque Splitter wie in Abbildung 2.7 gezeigt direkt an einer angetriebenen Achse montiert werden kann. Der allradgetriebene Polestar 3 aus dem Modelljahr 2023 ist das erste elektrische Serienfahrzeug, das die Antriebsstrangtopologie mit einem Torque Splitter an der Hinterachse nutzt [Pol22].

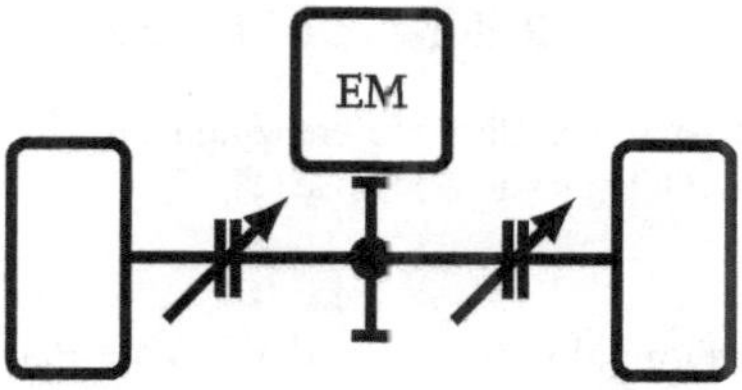

Abbildung 2.7 Skizzierte Darstellung des Torque Splitters. Die Lamellenkupplungspakete ermöglichen eine variable Verteilung des anliegenden Antriebsmomentes

Doppelmotor

Die Topologie des Antriebsstrangs mit einem Doppelmotor ermöglicht einen autarken Momentenpfad zu den beiden angetriebenen Rädern. Der Antriebsstrang kann sowohl mit Radnabenmaschinen, also direkt am Rad montierten elektrischen Maschinen, als auch mit den in Abbildung 2.8 dargestellten radnahen elektrischen Maschinen ausgeführt werden. Im Gegensatz zu den kupplungsbasierten Systemen besteht aufgrund der Autarkie keine Abhängigkeit von der Raddrehzahldifferenz. Die beiden elektrischen Maschinen können unterschiedliche Antriebskräfte auf die Räder und damit ein Differenzmoment stellen. Ein für den Vortrieb anliegendes Antriebsmoment reduziert jedoch die Möglichkeit, ein zusätzliches Drehmoment für die Querverteilung aufzubauen. Dieser Effekt wird durch eine aktive Feldschwächung der elektrischen Maschinen noch verstärkt. In Anlehnung an Loos [LE11] ergibt sich somit das in Abbildung 2.9 dargestellte Kennfeld des Doppelmotors.

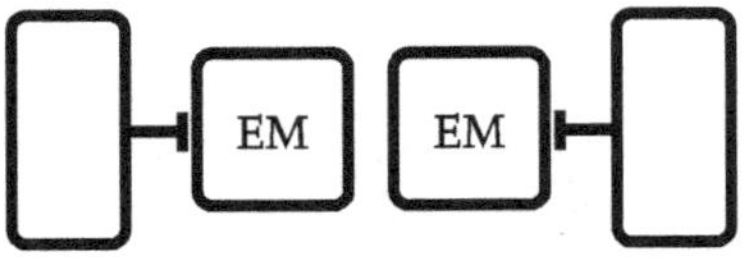

Abbildung 2.8 Skizzierte Darstellung der Antriebsstrangtopologie des Doppelmotors in einem Elektrofahrzeug

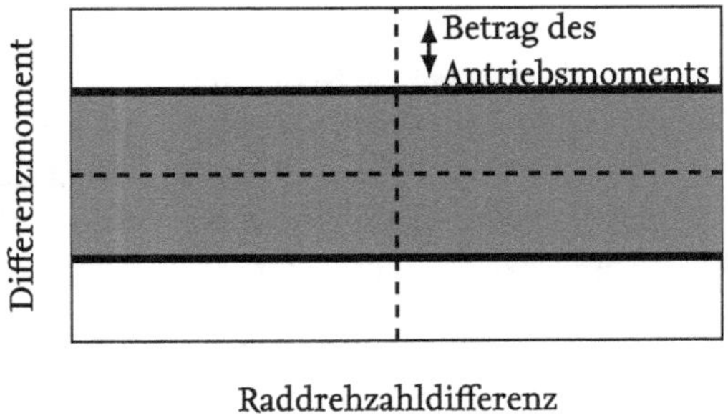

Abbildung 2.9 Kennfeld zwischen dem Differenzmoment und der Raddrehzahldifferenz für einen Doppelmotor in Anlehnung an Loos [LE11]

Die Ausführung als Doppelmotor ist in der Toyota-Patentschrift von Mizutani [MTT+09] für ein Hybridfahrzeug als Sekundärantrieb angedacht, von Honda im Acura RLX Concept [New12] als Konzeptfahrzeug 2012 vorgestellt und seit 2015 im Acura NSX [New15] in Serie realisiert. Als erstes elektrisches Serienfahrzeug nutzt der Mercedes AMG SLS Electric Drive aus dem Jahr 2013 vier Radnabenmaschinen [FLH13] zur Realisierung einer radindividuellen Antriebsmomentverteilung. Rivian greift das Konzept auf und vermarktet im R1T und R1S aus dem Jahr 2022 sowie für den 2024 angekündigten R2 ebenfalls die Antriebsstrangtopologie mit bis zu vier Radnabenmaschinen als Quad-Motor AWD [Sto22]. Audi setzt mit dem e-tron S eine radnahe Variante ein, die neben einer elektrischen Maschine an der Vorderachse zwei als Doppelmotor ausgeführte elektrische Maschinen an der Hinterachse umfasst. Der Antriebsstrang wird von Dörr in [DFSB20] und Wein in [WGSP19] ausgeführt. Auch Tesla im Model S Plaid [Tea23], General Motors im Hummer EV [Ins21] und Lucid Air in den Modellen Touring, Grand Touring sowie der Dream Edition [Luc22] nutzen diese Antriebsstrangtopologie mit Doppelmotor.

Überlagerungsgetriebe

Der Antriebsstrang mit einem Überlagerungsgetriebe ist in der Lage, unabhängig vom aktuellen Fahrzustand ein Differenzmoment aufzubringen. Es wird zwischen mechanischem und elektrischem Überlagerungsgetriebe unterschieden.

Der von Straßer [SS10] ausgeführte Antriebsstrang mit einem mechanischen Überlagerungsgetriebe ist in Abbildung 2.10 skizziert. Die Getriebe- bzw. Beschleunigungsstufen bewirken Differenzdrehzahlen zwischen den Kupplungen, sodass bei Ansteuerung eine Übertragung des Differenzmomentes unabhängig zur Fahrsituation ermöglicht wird. Entscheidend für das Wirkungsprinzip ist die gewählte Übersetzung, welche Meißner [Mei08] und Frömmig [Frö12] anhand der maximal relativen Raddrehzahldifferenz beim Durchfahren des Grenzkurvenradius berechnen.

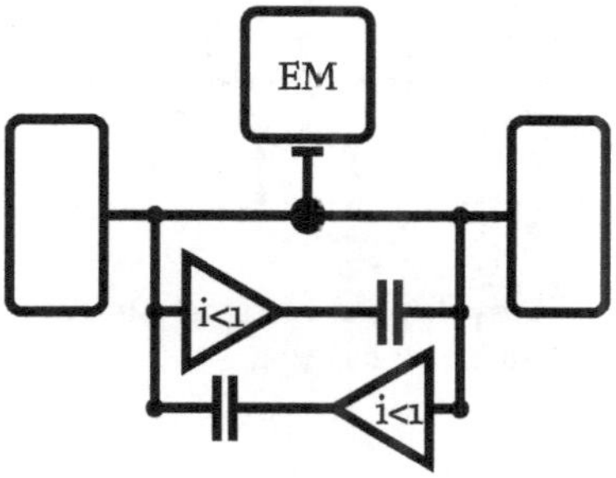

Abbildung 2.10 Skizzierte Darstellung der Antriebsstrangtopologie eines mechanischen Überlagerungsgetriebe in einem Elektrofahrzeug

Mitsubishi war 1996 der erste Hersteller, der das mechanische Überlagergungsgetriebe in einem konventionellen Serienfahrzeug nutzte und seit 2007 unter den Namen Super All Wheel Control [SUM06] vermarktet. Weitere Beispiele für Serienanwendungen sind das im Honda Prelude eingesetzte Active Torque Transfer System ab dem Modelljahr 1996 [SKK+97], das Audi Sportdifferential im S4 ab dem Modelljahr 2007 [Pin09] oder das BMW Dynamic Performance Control System im X3 und X5 ab dem Modelljahr 2004 [FPBB04].

Für den Einsatz in Elektrofahrzeugen hat Höhn [HWK09] von der Technischen Universität München ein elektrisches Überlagerungsgetriebe entwickelt und in den Prototypenfahrzeugen MUTE [HSL+11] und Visio.M [HSGW13] vorgestellt. Es basiert auf dem von ZF realisiertem Hinterachsgebtriebe Vector Drive [DGPS07] sowie den Patentschriften von Meixner [Mei05] und Pelchen [PRH09]. Der Aufbau des elektrischen Überlagerungsgetriebes nach Höhn ist in Abbildung 2.11 skizziert, bestehend aus einer zusätzlichen kleineren elektrischen Maschine sowie zwei über ihr Hohlrad gekoppelten baugleichen Planetengetrieben. Die zentral gelagerten Sonnenräder sind auf der einen Seite fest im Gehäuse verankert und auf der anderen Seite mit der kleineren elektrischen Maschine verbunden. Wenn die kleinere elektrische Maschine ein Luftspaltmoment induziert, verdrehen sich die Stege, die jeweils das Hohlrad und das Sonnenrad der beiden Planetengetriebe verbinden, gegeneinander und es entsteht ein Differenzmoment.

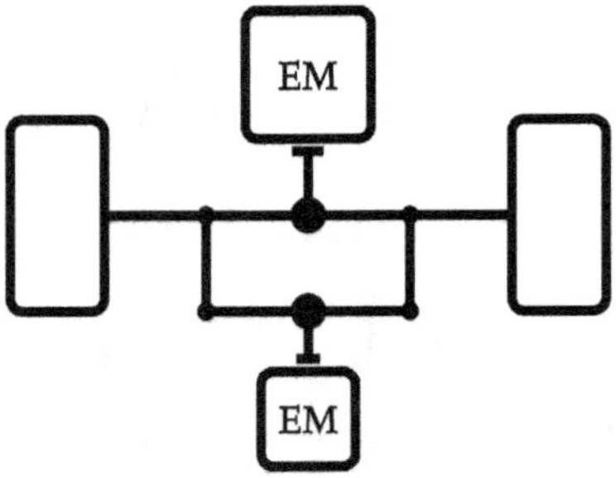

Abbildung 2.11 Skizzierte Darstellung der Antriebsstrangtopologie eines elektrischen Überlagerungsgetriebes in einem Elektrofahrzeug

Bei Geradeausfahrt wird der Rotor der elektrischen Maschine des elektrischen Überlagerungsgetriebes nach dem Konzept von Nilsson [Nil20] stehend ausgeführt, da im Stillstand keine Verluste auftreten und im Fahrbetrieb ein geringerer Leistungsbedarf entsteht. Bei Kurvenfahrt begrenzt die Raddrehzahldifferenz das maximal aufzubringende Differenzmoment, wobei im Grunddrehzahlbereich das

Luftspaltmoment eine maximale und im Feldschwächbereich eine antiproportional zur Raddrehzahldifferenz abnehmende Verteilung ermöglicht. Die Wahl der Nenndrehzahl, also der Übergang von Grunddrehzahl- in den Feldschwächbereich, ist somit neben der Höhe des Luftspaltmomentes entscheidend. Das in Abbildung 2.12 nach Loos [LE11] dargestellte Kennfeld des elektrischen Überlagerungsgetriebes verdeutlicht diesen Zusammenhang. Die Vorteile des elektrischen Überlagerungsgetriebes fasst Höhn in [HWK09] zusammen. Gegenüber kupplungsbasierten Systemen werden die Regeldynamik und Drehmomentgenauigkeit sowie der erhöhte Wirkungsgrad bei geringeren Verlustleistungen hervorgehoben. Im Vergleich zum mechanischen Überlagerungsgetriebe wird zudem der geringere Bauraum betont. Die Umsetzung des elektrischen Überlagerungsgetriebes in ein elektrisches Serienfahrzeug ist bisher nicht erfolgt.

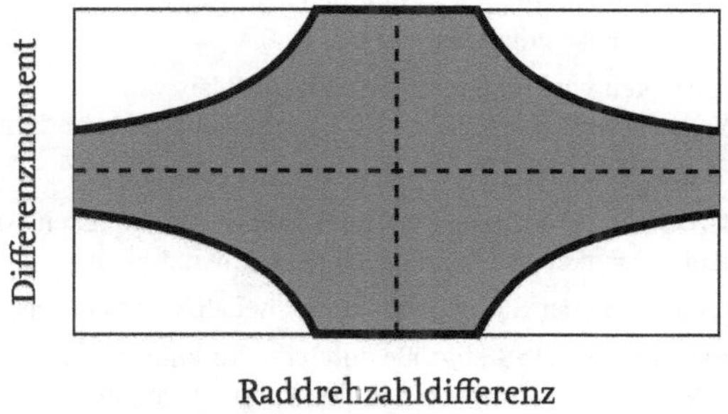

Abbildung 2.12 Kennfeld zwischen dem Differenzmoment und der Raddrehzahldifferenz für eine elektrische Überlagerungsgetriebe in Anlehnung an Loos [LE11]

2.3 Zusammenfassung des Forschungsstandes

In diesem Abschnitt wird die wissenschaftliche Ausgangssituation im Bereich der Konzeptentwicklung von TV-Systemen anhand der wichtigsten wissenschaftlichen Arbeiten aus Tabelle 2.2 zusammengefasst und aus Ihnen die allgemeine Methodik und Zielstellung dieser Arbeit in Kapitel 3 abgeleitet.

Tabelle 2.2 Zusammenfassung der wichtigsten wissenschaftlichen Arbeiten

Titel	Zusammenfassung
Konzeptentwicklung von TV-Systemen in Simulation und Fahrversuch	
[Gre06]	Bewertung der Querverteilung und Längsverteilung von Antriebskräften
[Mei08]	Konzeptentwicklung eines TV-Systems an der Hinterachse eines konventionellen Fahrzeugs
[FPHK10]	Konzeptentwicklung eines TV-Systems an der Vorderachse eines konventionellen Fahrzeug
[Wei15]	Konzeptentwicklung eines TV-Systems an der Hinterachse in einem Hybriden-Antriebsstrang
Konzeptentwicklung im Fahrwerk anhand von Wunsch-Fahreigenschaften	
[Hei77]	Einführung von Kenngrößen zur Bewertung des fahrdynamischen Übertragungsverhaltens
[Dec09]	Objektivierbarkeit von Kenngrößen zur Bewertung des fahrdynamischen Übertragungsverhaltens
[Abe19]	Konzeptentwicklung im Fahrwerk auf Basis von Wunsch-Fahreigenschaften für Fahrdynamik und Fahrkomfort
Regelstruktur zur Ansteuerung von TV-Systemen	
[Trä05]	Berechnung einer Wunsch-Trajektorie in Abhängigkeit von Lenkradwinkel und Fahrzeuglängsgeschwindigkeit
[Lau07]	Berechnung der Stellgröße in einer modellbasierten Regelstruktur
[Mih16]	Koordination der Stellgröße durch die Verknüpfung zwischen angesteuerten Aktuatoren mit den Führungsgrößen

Konzeptentwicklung von TV-Systemen in Simulation und Fahrversuch
Die Konzeptentwicklung von TV-Systemen erfolgt im bisherigen Forschungsstand anhand ausgewählter Fahrmanöver und basiert auf der Arbeit von Greger [Gre06], welcher das Potential einer Längs- und Querverteilung von Längskräften simulativ bewertet. Im Vordergrund stehen quasistationäre Fahrmanöver wie die Beschleunigung aus stationärer Kreisfahrt nach Rompe [RH84], bei der das Fahrzeug aus einer anfänglich stationären Kreisfahrt mit konstanter Längsbeschleunigung beschleunigt wird. Als objektive Kenngröße wird die Abweichung vom ursprünglichen Kreisbahnradius nach einer Sekunde Beschleunigung bei festgehaltenem Lenkrad bewertet. Zuletzt wird ausgehend von einer Zielabweichung der notwendige Leistungsbedarf des TV-Systems iterativ erhoben.

Meißner [Mei08] baut auf die Arbeit von Greger auf und wendet die Methodik auf die Konzeptentwicklung eines zuvor ausgewählten TV-Systems in einem

Allradfahrzeug an. Zusätzlich zur Simulation erfolgt eine Bewertung auch im Fahrversuch. Dabei werden nicht nur quasistationäre Fahrmanöver ausgewählt, da zum einen der Fahrereinfluss eliminiert wird und zum anderen das Zeitfenster von einer Sekunde ungünstig gewählt sein kann. Als objektive Kenngröße wird daher ein kontinuierlicher Zeitverlauf und das vollständig dynamische Übertragungsverhalten bewertet. Aufgrund des höheren Potentials in kritischen Fahrsituationen, der fehlenden Wechselwirkung mit der Lenkung sowie der einfachen vorliegenden Bauraumsituation fiel die Wahl auf ein mechanisches Überlagerungsdifferential an der Hinterachse aus. Frömmig [FPHK10] und Wein [Wei15] bewerten und wählen auf gleicher Basis wie Meißner TV-Systeme an der Vorderachse eines konventionellen Fahrzeugs und an der Hinterachse eines hybriden Allradantriebsstrangs. Beide definieren zu erfüllende Anforderungen und validieren ihr Ergebnis in der Simulation und im Fahrversuch.

Zusammenfassend erfolgt die Konzeptentwicklung für TV-Systeme beim derzeitigen Stand der Technik somit in der Simulation und im Fahrversuch anhand ausgewählter Fahrmanöver, um definierte Anforderungen an ein zuvor analytisch ausgewähltes TV-System iterativ zu bewerten. Die Methodik setzt damit erst spät im Entwicklungszyklus an und es fehlt die Produktorientierung zum Fahrzeughersteller, Kunden und der hinterlegten Regelstruktur.

Konzeptentwicklung im Fahrwerk anhand von Wunsch-Fahreigenschaften

Die Methodik von Abel [Abe19] ermöglicht es dagegen, bereits in der frühen Konzeptphase des V-Entwicklungsmodells Zielwerte für Reifen, Lenkung, Achs- und Elastokinematik auf Basis objektiver Kenngrößen aus der Fahrdynamik und dem Fahrkomfort zu definieren. Die Anforderungserhebung erfolgt im Rahmen einer virtuellen Konzeptentwicklung unter Verwendung des zu erwartenden Arbeitsraums des Fahrzeugs sowie der Wunsch-Fahreigenschaften des Kunden und des Fahrzeugherstellers. Die Grundlagen zur Erfassung von Wunsch-Fahreigenschaften werden von Heißing in [Hei77] dargestellt. Es werden Kenngrößen definiert, die sowohl das stationäre als auch das dynamische Übertragungsverhalten des Fahrzeugs charakterisieren. Hervorzuheben sind für das stationäre Fahrverhalten der Lenkaufwand und für das dynamische Übertragungsverhalten die Ansprechzeit, die Überschwingweite und die Linearität der Fahrbewegung. Darauf aufbauend untersucht Decker [Dec09] die Objektivierbarkeit der Kenngrößen in Fahrmanövern. In Probandenversuchen werden Korrelationen zwischen objektiven und subjektiven Kenngrößen erfahren. Eine hohe Bedeutung für die positive Bewertung der Fahrbewegung durch die Probanden haben eine agile Lenkmomentencharakteristik und ein geringer Lenkwinkelbedarf bei stationärer Kurvenfahrt. In dynamischen Fahrsituationen korrelieren das Ansprechverhalten des Fahrzeugs beim Anlenken und die zeitliche Verzögerung in der Fahrbewegung. Die Probanden bewerten hierbei geringe Überschwingweiten und kurze Reaktionszeiten des Fahrzeugs positiv.

Abel berücksichtigt damit in seiner Konzeptentwicklung die Produktorientierung des Fahrzeugherstellers und den zu erwartenden Arbeitsraum des Fahrzeugs. Auf dieser Grundlage können die Anforderungen an das Fahrwerk in der frühen Entwicklungsphase erhoben werden. In seiner Methodik fehlt jedoch ein Bezug zur verwendeten Regelstruktur, die als zentrales Element der Ansteuerung ebenfalls in die Konzeptentwicklung einfließen sollte.

Regelstruktur zur Ansteuerung von TV-Systemen

Für die zentrale Ansteuerung von Aktuatoren im Allgemeinen und von TV-Systemen im Speziellen, verwenden Fahrzeughersteller die integrale Regelungsstruktur. Basierend auf dem Konzept von Laumanns [Lau07] dient die in Abbildung 2.13 modellbasierte Regelstruktur, bestehend aus Referenzmodell, Vorsteuerung und Regler, als Grundlage. Im Referenzmodell gibt der Fahrzeughersteller nach dem Ansatz von Trächtler [Trä05] die Referenztrajektorie, also die gewünschte Fahrzeugbewegung, in Abhängigkeit von den Eingangsgrößen Lenkradwinkel und Fahrzeuglängsgeschwindigkeit vor. Die Vorsteuerung übernimmt die Berechnung der notwendigen Stellgröße. Der Regler addiert dazu einen weiteren Teil der Stellgröße, um etwaige Ungenauigkeiten in der Vorsteuerung oder Nichtlinearitäten in der Fahrzeugbewegung zu kompensieren. Die Koordination der Stellgröße auf die Aktoren im Fahrzeug erfolgt vereinfacht durch die gezielte Verknüpfung der Führungsgrößen und den anzusteuernden Aktoren nach Mihailescu [Mih16] oder komplexer durch ein Optimiersverfahren nach König [KGM13] und Peters [Pet20], wobei die Größe und Änderungsrate der anzusteuernden Aktoren minimiert sowie die Wirkung auf das Fahrverhalten maximiert wird.

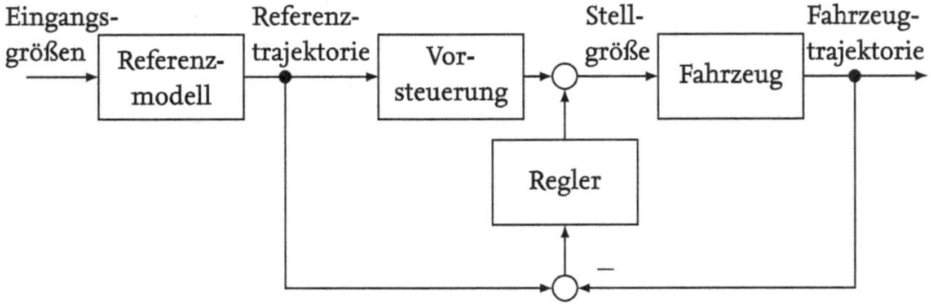

Abbildung 2.13 Blockschaltbild des Modellfolgeregelkreises nach Laumanns [Lau07]

3 Ableitung der Zielsetzung und Methodik

Ziel dieser Arbeit ist die Entwicklung einer Methodik zur Anforderungserhebung für TV-Systeme, die sich an der Konzeptentwicklung von Abel [Abe19] für das Fahrwerk orientiert. Dabei soll die Produktorientierung gegenüber dem Fahrzeughersteller, dem Kunden und der hinterlegten Regelstruktur im Vordergrund stehen.

Die allgemeine Methodik ist in Abbildung 3.1 dargestellt. Zunächst wird im nachfolgenden Kapitel 4 das Fahrverhalten eines Fahrzeugs unter Berücksichtigung einer radindividuellen Momentenverteilung analysiert. Dabei soll das fahrdynamische Potenzial analytisch ermittelt und der erforderliche Leistungsbedarf in der Längs- und Querbeschleunigungsebene (in der a_x,a_y-Ebene) eines TV-Systems berechnet werden. Dies ermöglicht eine Abschätzung des erforderlichen Momenten- und Leistungsbedarfs eines TV-System.

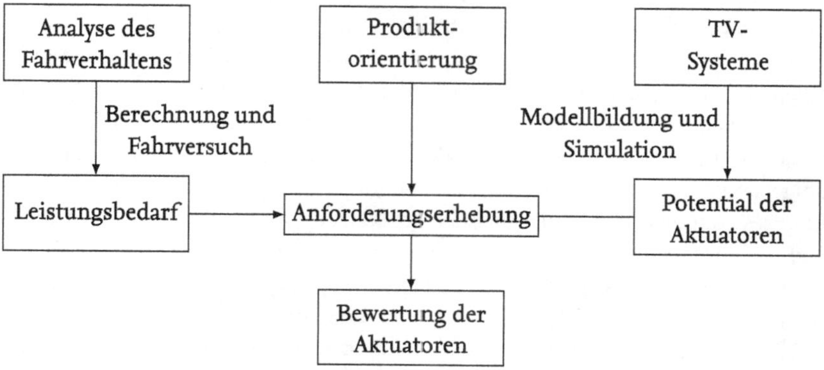

Abbildung 3.1 Methodik der Arbeit

N. Gruner, *Konzeptentwicklung einer Methodik zur Anforderungserhebung für Torque Vectoring Systeme in Elektrofahrzeugen*, AutoUni – Schriftenreihe 178,
https://doi.org/10.1007/978-3-658-49168-0_3

Ausgehend von der analytischen Berechnung soll im folgenden Kapitel 5 eine Methode zur detaillierten Anforderungserhebung vorgestellt werden. Anstelle der analytischen Berechnung, die auf Grundlage des fahrdynamischen Potentials den erforderlichen Leistungsbedarf für ein TV-System abschätzt, soll die Methode direkt auf die übergeordneten Anforderungen des Fahrzeugherstellers, des Kunden sowie der Regelstruktur Bezug nehmen. Zu diesem Zweck wird die integrale modellbasierte Regelstruktur von Laumanns [Lau07] verwendet. Diese ermöglicht es, die gewünschten Fahreigenschaften des Fahrzeugherstellers in einem Referenzmodell zu hinterlegen und die Eingangsgrößen des Modells auf den zu erwartenden Arbeitsraum des Kunden auszurichten. Die Parametrierung des Modells erfolgt in drei Schritten. Zunächst werden die gewünschten Fahreigenschaften im Fahrversuch ermittelt. Anschließend wird eine Datenbank aus bereits parametrierten Referenzmodellen aufgebaut. Mithilfe dieser Datenbank und eines Algorithmus aus dem Bereich des maschinellen Lernens wird schließlich das Referenzmodell für ein Neufahrzeug virtuell parametriert. Die virtuelle Parametrierung soll somit zusammenfassend den erforderlichen Leistungsbedarf eines TV-Systems systemunabhängig aus den zuvor im Fahrversuch ermittelten gewünschten Fahreigenschaften bestimmen und die übergeordneten Anforderungen des Fahrzeugherstellers und der Regelstruktur in die Anforderungserhebung für TV-Systeme integrieren. Die übergeordneten Kundenanforderungen sollen durch eine Definition des zu erwartenden Arbeitsraums erfolgen. Die Anwendung des methodischen Vorgehens zur Anforderungserhebung ist im Kapitel 6 beschrieben. Nach Anwendung der Methodik zur Anforderungserhebung soll schließlich eine Validierung ebenfalls im Fahrversuch erfolgen. Hierzu wird der berechnete erforderliche Leistungsbedarf dem gestellten Leistungsbedarf eines TV-Systems im Fahrversuch gegenübergestellt.

Abschließend erfolgt auf Basis des ermittelten erforderlichen Leistungsbedarfs eine ergebnisoffene Bewertung der im Abschnitt 2.2 beschriebenen TV-Systeme für Elektrofahrzeuge in der Simulation. Zu diesem Zweck müssen die TV-Systeme zunächst in einem Antriebsstrang modelliert und anschließend in die Simulationsumgebung integriert werden. Darüber hinaus ist ein Gesamtregelkreis zur Ansteuerung des Antriebsstrangs einschließlich der Nutzung der TV-Systeme zu entwerfen und zu integrieren. Die Bewertung in der Simulation stützt sich auf die von Greger [Gre06] und Meißner [Mei08] vorgestellten Kriterien. Dabei werden ihre objektiven Kenngrößen auf ein Referenzfahrzeug ohne radindividuelle Momentenverteilung sowie auf Fahrzeuge mit integriertem TV-System in spezifischen Fahrmanövern angewendet.

Im Folgenden werden die Ergebnisse auf der gleichen Basis und mit den gleichen Eingangsbedingungen ermittelt, um eine Vergleichbarkeit zu ermöglichen. Dazu wird für die Berechnung und Simulation ein Fahrzeug mit den technischen Daten aus Tabelle 3.1 verwendet.

Tabelle 3.1 Fahrzeugparameter zur Veranschaulichung der Ergebnisse aus Berechnung und Simulation

Basisgröße	Formelzeichen	Wert und Einheit
Fahrzeugmasse	m	2300 kg
Trägheitsmoment Gierachse	J_z	2208 kgm^2
Radstand	l	2,767 m
Schwerpunktlage	–	0,53/0,47
Schwerpunkthöhe	h	0,45 m
Schräglaufsteifigkeit Vorderachse	$c_{\alpha v}$	115000 N/rad
Schräglaufsteifigkeit Hinterachse	$c_{\alpha h}$	150000 N/rad
Vorderachsspurweite	b_v	1,705 m
Hinterachsspurweite	b_h	1,705 m
Dynamischer Radhalbmesser	r_{dyn}	0,33 m

Potential der Antriebskraftverteilung

4

In diesem Kapitel wird das Potential einer Antriebskraftverteilung bei Geradeaus- und Kurvenfahrt ausgeführt. Auf Basis der Potentialanalyse werden die Anforderungen, bestehend aus Differenzmoment und Raddrehzahldifferenz, abgeschätzt. Hierfür werden zunächst in Abschnitt 4.1 die zum weiteren Verständnis notwendigen Grundlagen aus der Fahrdynamik aufgezeigt und der Einfluss einer Antriebskraftverteilung beschrieben. Darauf aufbauend wird in Abschnitt 4.2 analytisch das erforderliche Differenzmoment bei Querverteilung der Antriebskrft in Abhängigkeit von der Kraftausnutzung der Reifen berechnet. Abschließend wird in Abschnitt 4.3 mit Hilfe eines kinematischen Ansatzes die bei Kurvenfahrt auftretende Raddrehzahldifferenz ermittelt.

4.1 Einfluss der Antriebskraftverteilung auf die Fahrdynamik

Der Zusammenhang zwischen den Reifenkräften und der Gierdynamik eines Fahrzeugs wird durch das Zweispurmodell in Abbildung 4.1 beschrieben. Der Drallsatz um die Vertikalachse führt dabei zum Momentengleichgewicht der Gleichung 4.1.

$$
\begin{aligned}
J_z \cdot \ddot{\psi} = {} & \left(F_{x,vr} - F_{x,vl}\right) \cdot \frac{b_v}{2} \cdot \cos(\delta_v) + \left(F_{x,vl} + F_{x,vr}\right) \cdot l_v \cdot \sin(\delta_v) \\
& - \left(F_{y,vl} - F_{y,vr}\right) \cdot \frac{b_v}{2} \cdot \sin(\delta_v) + \left(F_{y,vl} + F_{y,vr}\right) \cdot l_v \cdot \cos(\delta_v) \\
& + \left(F_{x,hr} - F_{x,hl}\right) \cdot \frac{b_h}{2} - \left(F_{y,hl} + F_{y,hr}\right) \cdot l_h
\end{aligned}
\tag{4.1}
$$

N. Gruner, *Konzeptentwicklung einer Methodik zur Anforderungserhebung für Torque Vectoring Systeme in Elektrofahrzeugen*, AutoUni – Schriftenreihe 178,
https://doi.org/10.1007/978-3-658-49168-0_4

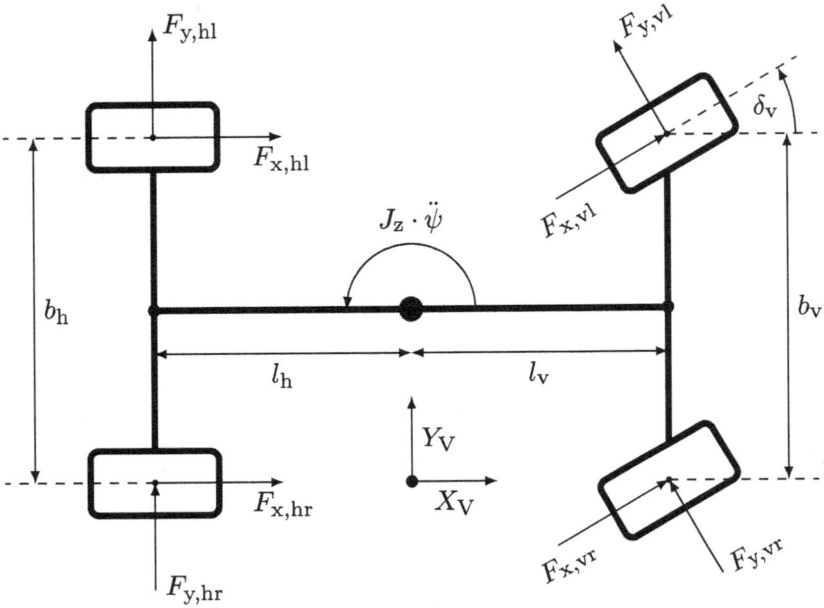

Abbildung 4.1 Das Zweispurmodell beschreibt die Wirkung der Drehbewegung $J_z \cdot \ddot{\psi}$ in Abhängigkeit zu den Längskräften $F_{x,i}$ und den Querkräften $F_{y,i}$ mit $i \in \{vl, vr, hl, hr\}$, den Hebelarmen l_v, l_h, b_v und l_h sowie dem Lenkwinkel an der Vorderachse δ_v

Die auf die Reifen wirkenden Längskräfte F_x und Querkräfte F_y bewirken eine Drehbewegung des Fahrzeugs, die durch das Giermoment $J_z \cdot \ddot{\psi}$ ausgedrückt wird. Sie führt zu einer Ein- oder Ausdrehung des Fahrzeugs und resultiert nach Mitschke [MW14] aus den folgenden Einflüssen:

- Das Wirken von Querkräften $F_{y,vl}$ und $F_{y,vr}$ an der Vorderachse sowie $F_{y,hl}$ und $F_{y,hr}$ an der Hinterachse
- Das Längsverteilen von Längskräften $F_{x,vl} + F_{x,vr}$ und $F_{x,hl} + F_{x,hr}$ zwischen der Vorderachse und der Hinterachse
- Das Querverteilen von Längskräften $F_{x,vl} - F_{x,vr}$ zwischen der Vorderachse oder $F_{x,hl} - F_{x,hr}$ zwischen der Hinterachse

Die Längs- und Querkraft bilden einen auf den Reifen wirkenden Kraftvektor, welcher durch das Produkt aus Radlast F_z und Reibwert μ beschränkt und über den Reifen auf die Fahrbahnoberfläche übertragen wird. Überschreitet ein Kraftvektor das Produkt aus Radlast und Reibwert, geht der Reifen in den Gleitzustand über. Daraus ergibt sich für die wirkende Kraftvektorsumme je Reifen eine Kraftgrenze, die in Gleichung 4.2 als Kamm'scher Kreis definiert ist.

$$\sqrt{F_x^2 + F_y^2} \leq F_z \cdot \mu \tag{4.2}$$

Die Kraftübertragung resultiert aus einer Verformung der Reifenlauffläche. Der Verformungszustand wird durch den Reifenschlupf beschrieben, welcher in Längs- und in Querrichtung auftritt. Der Reifenlängsschlupf s_x wird durch die relative Abweichung zwischen der Fahrzeuglängsgeschwindigkeit v_x und der Radumfangsgeschwindigkeit $\omega_{wy} \cdot r_{dyn}$ in Gleichung 4.3 ausgedrückt, wobei zwischen dem Abbremsen für Längsbeschleunigungen $a_x \leq 0\,\mathrm{m/s^2}$ und dem Antreiben für Längsbeschleunigungen $a_x > 0\,\mathrm{m/s^2}$ des Fahrzeugs unterschieden wird.

$$s_x = \begin{cases} \dfrac{v_x - \omega_{wy} \cdot r_{dyn}}{v_x}, & v_x \neq 0, \quad \text{Abbremsen} \\ \dfrac{\omega_{wy} \cdot r_{dyn} - v_x}{\omega_{wy} \cdot r_{dyn}}, & \omega_{wy} \cdot r_{dyn} \neq 0, \quad \text{Antreiben} \end{cases} \tag{4.3}$$

Analog ist für die Übertragung von Querkräften eine Relativbewegung zwischen Reifen und Fahrbahn erforderlich. Die Relativbewegung wird durch den Schräglaufwinkel α definiert, welcher den eingeschlossenen Winkel zwischen der Längsachse und der Wirkrichtung der Längsgeschwindigkeit eines Reifens beschreibt und aus dem trigonometrischen Verhältnis zur Quergeschwindigkeit in Gleichung 4.4 berechnet wird.

$$\alpha = \arctan\left(\frac{v_y}{v_x}\right) \tag{4.4}$$

Die Erhöhung des Reifenlängsschlupfes und damit die Übertragung einer Längskraft führt nach Gleichung 4.2 zu einer Verringerung des Querkraftpotentials eines Reifens. So ist das Querkraftpotential bei einem Reifenlängsschlupf von Null maximal und nimmt bei einer weiteren Erhöhung des Reifenlängsschlupfes stark ab. Durch die Verteilung der Antriebskraft und damit durch die Variation des Reifenlängsschlupfes kann somit die Gierbewegung des Fahrzeugs beeinflusst werden. Schwarz [SMF04] skizziert dieses Verhalten bei einer Längs- und einer Querverteilung der Antriebskraft in Abbildung 4.2, dessen Wirksamkeit Meißner [Mei08] diskutiert und bewertet. Die Längsverteilung der Antriebskraft F_x bewirkt einen erhöhten Reifenlängsschlupf s_x und ein reduziertes Querkraftpotential an der belasteten Achse sowie einen reduzierten Reifenlängsschlupf s_x und ein erhöhtes Querkraftpotential an der entlasteten Achse. Bei einer Verteilung in Richtung Hinterachse führt der erhöhte Reifenlängsschlupf $s_{x,h}$ zu einer Verringerung ihres Querkraftpotentials. Die dominierenden Querkräfte an der Vorderachse $F_{y,v}$ drehen das Fahrzeug ein, verringern den Kurvenradius und führen zu einer Übersteuertendenz. Umgekehrt führt eine Verteilung in Richtung Vorderachse zu einer ausdrehenden Gierbewegung, einer Erhöhung des Kurvenradius und einer Untersteuertendenz. Bei der Querverteilung der Antriebskraft steht das Querkraftpotential in Abhängigkeit zur Verteilungsrichtung. Eine Verteilung auf das Rad mit dem höheren Kraftpotential erhält den Reifenlängsschlupf $s_{x,v}$ sowie $s_{x,h}$ und das Querkraftpotential wie in der rechten Abbildung. Umgekehrt führt eine Verteilung auf das Rad mit dem geringeren Kraftpotential zu einer Verringerung des Reifenlängsschlupfes und des Querkraftpotentials.

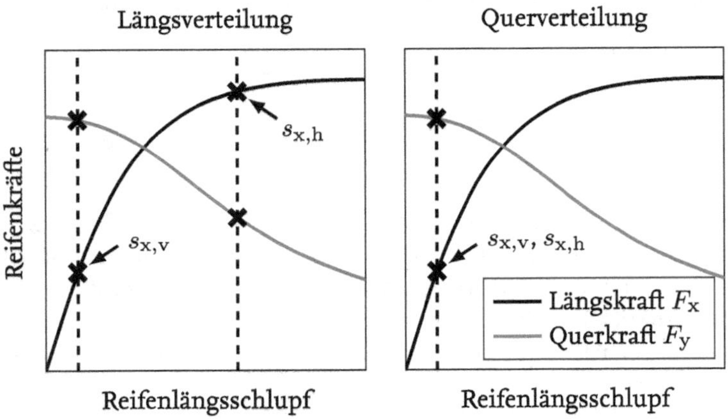

Abbildung 4.2 Darstellung der Abhängigkeit der Reifenkräfte F_x und F_y vom Reifenlängsschlupf s_x nach Schwarz [SMF04]. Der Reifenlängsschlupf beeinflusst das Querkraftpotential eines Reifens, sodass die Längs- und Querverteilung der Antriebskraft eine Veränderung der maximal absetzbaren Querkraft bewirkt

Ausgehend von den Einflüssen des Reifenlängsschlupfes bei einer Längs- und einer Querverteilung unterscheidet Witte [Wit95] zwei Wirkungen auf das Fahrverhalten: das primäre Giermoment und das sekundäre Giermoment. Das primäre Giermoment beschreibt den Einfluss der Querverteilung auf das Ein- oder Ausdrehen des Fahrzeugs. Das sekundäre Giermoment ergibt sich aus dem reduzierten Querkraftpotential einer Achse, welches durch die Längsverteilung der Antriebskraft und den erhöhten Reifenlängsschlupf verursacht wird. Diese beiden Einflüsse stehen in Wechselwirkung, sodass je nach Fahrsituation die Richtung der Antriebskraftverteilung vorteilhaft oder nachteilig ist.

Bei einer Antriebskraftverteilung zur Hinterachse überwiegt das Querkraftpotential an der Vorderachse. Das Fahrzeug dreht sich in die Kurven ein und übersteuert, sodass eine stabilisierende Querverteilung zur Kurveninnenseite erforderlich ist. Eine Verteilung der Antriebskraft auf das kurveninnere Rad der Vorderachse erhöht dessen Reifenlängsschlupf und verringert dessen Querkraftpotential. Das primäre und sekundäre Giermoment wirken stabiliserend und addieren sich. Eine Verteilung der Antriebskraft auf das kurveninnere Rad der Hinterachse führt dagegen zu einer weiteren Reduzierung ihres Querkraftpotentials. Das primäre Giermoment wirkt dem Eindrehen des Fahrzeugs entgegen, während das sekundäre Giermoment dieses verstärkt. Bei einer Antriebskraftverteilung zur Vorderachse überwiegt das Querkraftpotential an der Hinterachse. Das Fahrzeug dreht aus der Kurve heraus und untersteuert, sodass eine agilisierende Querverteilung zur Kurvenaußenseite erforderlich ist. Die Wechselwirkung kehrt sich zugunsten der Hinterachse um, da sich das primäre und sekundäre Giermoment addieren.

Nach Schramm [SHB+10] zeigen Serienfahrzeuge überwiegend eine Untersteuertendenz, da Übersteuersituationen für einen Großteil der Fahrer schwieriger zu beherrschen sind. Zur Reduzierung der Untersteuertendenz ist eine Querverteilung an der Hinterachse zielführender, da sich primäres und sekundäres Giermoment addieren. Wallentowitz [Wal00] führt weiter aus, dass eine zunehmende Längsbeschleunigung die Hinterachslast erhöht und das Potential für eine Antriebskraftverteilung vergrößert. Aufgrund dieser Vorteile wird daher im Folgenden von einem Torque Vectoring (TV)-System an der Hinterachse ausgegangen.

Die Charakteristik eines Fahrzeugs mit einem TV-System an der Hinterachse stellt Abbildung 4.3 bei einer Längs- und einer Querverteilung der Antriebskraft dar. In einer Kurvenfahrt mit geringer Längsbeschleunigung $a_x = 0,25$ m/s^2 wird der erforderliche Lenkwinkel δ_v in Abhängigkeit von der Querbeschleunigung a_y betrachtet. Der aus den geringen Längskräften F_x resultierende geringe Reifenlängsschlupf s_x führt zu einem hohen Querkraftpotential an beiden Achsen. Die Längsverteilung der Antriebskraft hat in diesem Fall keinen nennenswerten Einfluss auf das Fahrverhalten. Eine Querverteilung führt dagegen zu einer Spreizung und einem grundsätzlich unterschiedlichen erforderlichen Lenkwinkelbedarf in Abhängigkeit zur Verteilungsrichtung.

Diese Zusammenhänge verstärken sich mit zunehmender Längsbeschleunigung. Abbildung 4.4 zeigt die Auswirkungen einer Längs- und einer Querverteilung der Antriebskraft für eine Kurvenfahrt in der Simulation mit einer Längsbeschleunigung $a_x = 1$ m/s^2. Bei einer Längsverteilung der Antriebskraft F_x sind die Ergebnisse zwischen den Kurvenfahrten mit Längsbeschleunigungen $a_x = 0,25$ m/s^2 und

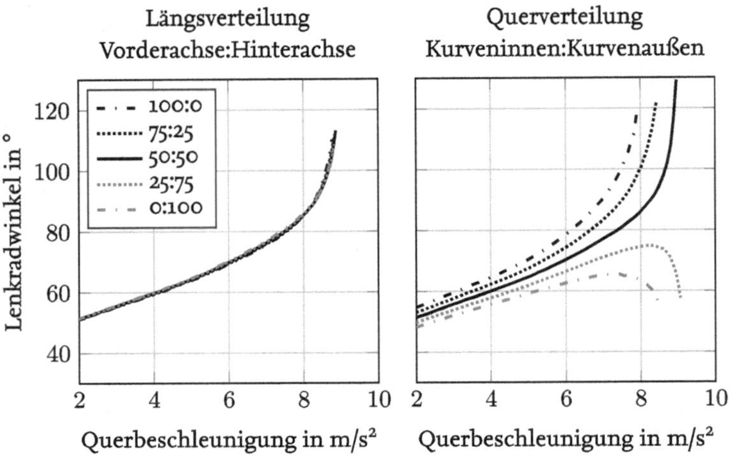

Abbildung 4.3 Simulationsergebnis einer Kurvenfahrt mit geringer Längsbeschleunigung $a_x = 0,25$ m/s^2. Dargestellt ist der erforderliche Lenkradwinkelbedarf in Abhängigkeit von der Querbeschleunigung bei einer Längs- und einer Querverteilung der Antriebskraft

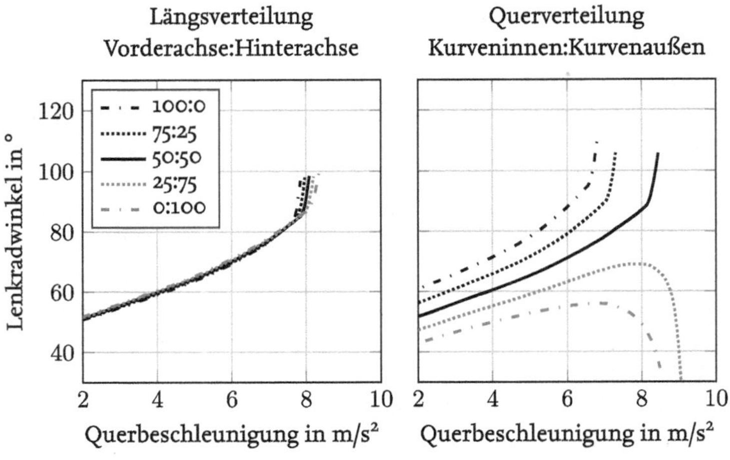

Abbildung 4.4 Simulationsergebnis einer Kreisfahrt mit erhöhter Längsbeschleunigung $a_x = 1$ m/s^2. Dargestellt ist der erforderliche Lenkradwinkelbedarf in Abhängigkeit von der Querbeschleunigung bei einer Längs- und einer Querverteilung der Antriebskraft

$a_x = 1$ m/s^2 für kleine Querbeschleunigungen a_y gleich. Bei hohen Querbeschleunigungen ist der erforderliche Lenkwinkelbedarf jedoch unterschiedlich, wobei eine Verteilung in Richtung Vorderachse zu einer geringeren maximalen Querbeschleunigung führt als eine Verteilung in Richtung Hinterachse. Grund hierfür ist der Reifenlängsschlupf s_x, der zu einer Reduzierung des Querkraftpotentials der angetriebenen Achse und zu einer Unter- bzw. Übersteuertendenz führt. Bei einer Querverteilung der Antriebskraft verstärken sich die Einflüsse aus der Kurvenfahrt mit $a_x = 0,25$ m/s^2, sodass die unterschiedlichen erforderlichen Lenkwinkelbedarfe ausgeprägter erscheinen.

Neben dem Einfluss des Reifenlängsschlupfes ist das Fahrverhalten in den Abbildungen 4.3 und 4.4 auch auf eine genauere Betrachtung des Momentengleichgewichts zurückzuführen. Eine Längsverteilung der Antriebskraft F_x vereinfacht die Gleichung 4.1 des Zweispurmodells, da die wirkenden Längskräfte am linken und rechten Rad einer Achse gleich sind. Es folgt:

$$\begin{aligned} J_z \cdot \ddot{\psi} = {} & \left(F_{x,vl} + F_{x,vr}\right) \cdot l_v \cdot \sin(\delta_v) \\ & - \left(F_{y,vl} - F_{y,vr}\right) \cdot \frac{b_v}{2} \cdot \sin(\delta_v) + \left(F_{y,vl} + F_{y,vr}\right) \cdot l_v \cdot \cos(\delta_v) \\ & - \left(F_{y,hl} + F_{y,hr}\right) \cdot l_h \, . \end{aligned} \tag{4.5}$$

Die Längsverteilung beeinflusst die Drehbewegung durch eine Änderung der Längskräfte an der Vorderachse $F_{x,vl} + F_{x,vr}$ mit dem Sinus des Lenkwinkels δ_v. Dieser Einfluss ist bei kleinen Lenkwinkeln vernachlässigbar klein und wird erst bei großen Lenkwinkeln signifikant. Die an der Hinterachse wirkenden Längskräfte $F_{x,hl}$ und $F_{x,hr}$ führen zu keiner Drehbewegung, sodass der Einfluss des Momentengleichgewichts bei einer Längsverteilung insgesamt gering ist.

Eine Querverteilung der Antriebskraft an der Hinterachse hält jeweils die Summe der Längskräfte an beiden Achsen konstant. Das Momentengleichgewicht vereinfacht sich zu:

$$\begin{aligned} J_z \cdot \ddot{\psi} = {} & \left(F_{x,vl} + F_{x,vr}\right) \cdot l_v \cdot \sin(\delta_v) \\ & - \left(F_{y,vl} - F_{y,vr}\right) \cdot \frac{b_v}{2} \cdot \sin(\delta_v) + \left(F_{y,vl} + F_{y,vr}\right) \cdot l_v \cdot \cos(\delta_v) \\ & + \left(F_{x,hr} - F_{x,hl}\right) \cdot \frac{b_h}{2} - \left(F_{y,hl} + F_{y,hr}\right) \cdot l_h \, . \end{aligned} \tag{4.6}$$

Die Querverteilung wirkt direkt proportional über die Differenz der Längskräfte $F_{x,hr} - F_{x,hl}$ und der halben Spurweite der Hinterachse b_h auf die Drehbewegung ein. Im Vergleich zur Längsverteilung ist die Wirkung zudem unabhängig vom Lenkwinkel, sodass der Einfluss des Momentengleichgewichts bei der Querverteilung größer ist.

4.2 Kraftausnutzung bei einer Antriebskraftverteilung

In diesem Abschnitt wird das erforderliche maximale Differenzmoment bei Querverteilung der Antriebskraft analytisch berechnet. Im Teilabschnitt 4.2.1 wird das Reifenkraftpotential hergeleitet, welches zur Berechnung der Kraftausnutzung einer einwirkenden Längs- und Querkraft dient. Anschließend erfolgt im Teilabschnitt 4.2.2 die Berechnung des erforderlichen Differenzmoments bei Geradeaus- und Kurvenfahrt. Hierbei wird auf Basis des vorhergehenden Abschnitts von einem TV-System an der Hinterachse ausgegangen, wobei die Ergebnisse auf ein Fahrzeug mit Front- oder Allradantrieb übertragbar sind.

4.2.1 Berechnung der Kraftausnutzung

Die Berechnung des Reifenkraftpotentials erfolgt in Anlehnung an die Methode von Kaspar [Kas19] in zwei Schritten. Zunächst werden die fahrzustandsabhängigen dynamischen Radlasten nach Daiss [Dai96] berechnet und anschließend auf die Magic-Tire-Gleichungen von Pacejka [Pac12] zur Bestimmung des Reifenkraftpotentials angewendet.

Die Radlasten F_z je Reifen werden unter Vernachlässigung der Nick- und Wankbewegungen des Fahrzeugs mit Hilfe der Fahrzeugparameter als Funktion der Längs- und Querbeschleunigung a_x und a_y berechnet.

$$F_{z,vl} = mg \cdot \left(\frac{l_h}{l} - a_x \frac{h}{lg}\right) \cdot \left(\frac{1}{2} - a_y \frac{h}{b_v g}\right) \tag{4.7}$$

$$F_{z,vr} = mg \cdot \left(\frac{l_h}{l} - a_x \frac{h}{lg}\right) \cdot \left(\frac{1}{2} + a_y \frac{h}{b_v g}\right) \tag{4.8}$$

$$F_{z,hl} = mg \cdot \left(\frac{l_v}{l} + a_x \frac{h}{lg}\right) \cdot \left(\frac{1}{2} - a_y \frac{h}{b_h g}\right) \tag{4.9}$$

$$F_{z,vr} = mg \cdot \left(\frac{l_v}{l} + a_x \frac{h}{lg}\right) \cdot \left(\frac{1}{2} + a_y \frac{h}{b_h g}\right) \tag{4.10}$$

Während die Längsbeschleunigung die Radlasten der Hinterachse in ihrer Wirkrichtung erhöht und entgegen ihrer Wirkrichtung verringert, führt die Querbeschleunigung zu einer Entlastung auf der Kurveninnenseite und zu einer Belastung auf der Kurvenaußenseite. Die Beschleunigungen a_x und a_y wirken somit auf die Radlasten ein, welche zusammen mit dem Reibwert als Eingangsgrößen für ein Pacejka Magic Tire 5.2 Reifenmodell der Software CarMaker [Car19] zur Berechnung des Reifenkraftpotentials dienen. Die Parameter des Reifenmodells werden auf einem Flat-Track Reifenprüfstand mit Hilfe von Force in Moments Messungen bestimmt. Dabei wird der Reifenquerschlupf α für verschiedene Längs- und Querkräfte abgetastet und die Reifenkennlinie gemessen. Aus der Messung wird das Reifenkraftpotential in Querrichtung identifiziert und anschließend in Längsrichtung optimiert. Das Reifenmodell berechnet als Ausgangsgrößen die Reifenkräfte in Längs- und Querrichtung F_{x0} und F_{y0} durch die Gleichungen 4.11 und 4.12. Anschließend wird ihre Wechselwirkung untereinander zu den Kraftpotentialvektoren $\vec{F}_{x,pot}$ und $\vec{F}_{y,pot}$ durch die Gleichungen 4.13 und 4.14 bestimmt.

$$F_{x0}(s_x) = D_x \sin\left(C_x \operatorname{atan}\left(B_x\, s_x - E_x\left(B_x s_x - \operatorname{atan}\left(B_x s_x\right)\right)\right)\right) + S_{vx} \tag{4.11}$$

$$F_{y0}(\alpha) = D_y \sin\left(C_y \operatorname{atan}\left(B_y\, \alpha - E_y\left(B_y \alpha - \operatorname{atan}\left(B_y \alpha\right)\right)\right)\right) + S_{vy} \tag{4.12}$$

$$\vec{F}_{x,pot}(s_x, \alpha) = \frac{\cos\left(C_{x\alpha} \operatorname{atan}\left(B_{x\alpha}\alpha - E_{x\alpha}\left(B_{x\alpha}\alpha - \operatorname{atan}\left(B_{x\alpha}\alpha\right)\right)\right)\right)}{G_{x\alpha 0}} \cdot F_{x0} \tag{4.13}$$

$$\vec{F}_{y,pot}(s_x, \alpha) = \frac{\cos\left(C_{ys} \operatorname{atan}\left(B_{ys}s_x - E_{ys}\left(B_{ys}s_x - \operatorname{atan}\left(B_{ys}s_x\right)\right)\right)\right)}{G_{ys0}} \cdot F_{y0} + S_{vys} \tag{4.14}$$

Abschließend wird aus den Kraftpotentialvektoren in Längs- und Querrichtung der Betrag des resultierend wirkenden Kraftpotentialvektor am Reifen $\vec{F}_{res,pot}$ für einen abgetasten Reifenlängs- und Reifenquerschlupf berechnet.

$$|\vec{F}_{res,pot}(s_x, \alpha)| = \sqrt{\vec{F}^2_{x,pot}(s_x, \alpha) + \vec{F}^2_{y,pot}(s_x, \alpha)}. \tag{4.15}$$

Abbildung 4.5 veranschaulicht das resultierende dynamische Reifenkraftpotential und den resultierenden Betrag des Kraftvektors. Das Kraftpotential ist als Fläche innerhalb einer Ellipse dargestellt, welche durch den Kraftpotentialvektor $\vec{F}_{res,pot}$ als Funktion der Radlasten sowie des Reifenlängs- und Reifenquerschlupfes aufgespannt wird. Die Krümmungsradien der Ellipse stellen die Kraftgrenze des Reifens dar und verhalten sich bei Variation der Eingangsgrößen wie folgt:

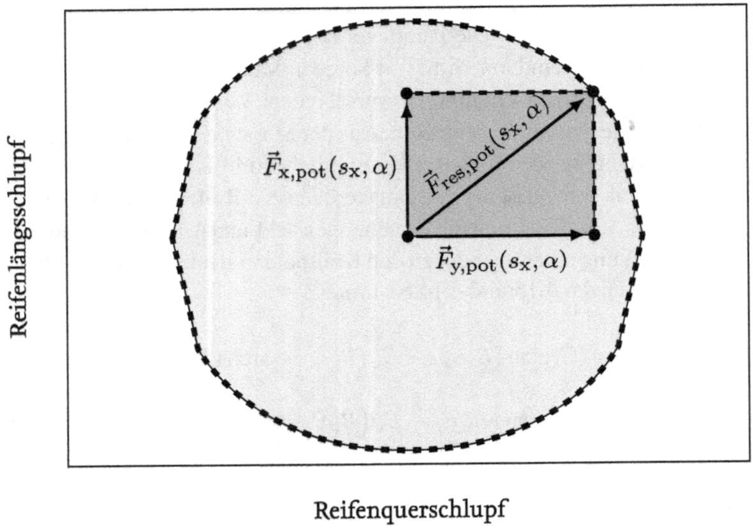

Abbildung 4.5 Skizzierte Darstellung des dynamischen Reifenkraftpotentials. Die Ellipse beschränkt den Betrag eines am Reifen wirkenden Kraftvektors $\vec{F}_{res}(s_x, \alpha)$

- Eine Erhöhung der Radlast F_z erhöht zwar die Kraftgrenze $\vec{F}_{res,pot}$ in Längsrichtung proportional, in Querrichtung jedoch nur degressiv. Die dynamische Radlastverteilung führt somit insgesamt zu einer Schwächung des gesamten Querkraftpotentials.
- Eine Erhöhung des Reifenlängsschlupfes s_x führt bei gleichbleibendenen Reifenquerschlupf α zu einem geringeren Querkraftpotential. Umgekehrt führt ein erhöhter Reifenquerschlupf bei konstantem Reifenlängsschlupf zu einem geringeren Längskraftpotential.

Das Reifenkraftpotential wird durch die tatsächlich auf den Reifen wirkenden Längs- und Querkräfte ausgenutzt. Dabei werden die Längskräfte in Abhängigkeit von der Längsbeschleunigung a_x mit Hilfe des Faktors k_{ax} gleichmäßig auf die

Reifen verteilt, wobei $k_{\mathrm{ax}} = 0$ ein frontgetriebenes und $k_{\mathrm{ax}} = 1$ ein heckgetriebenes Fahrzeug in den Gleichungen 4.16 bis 4.19 berücksichtigt.

$$F_{\mathrm{x,vl}} = (1 - k_{\mathrm{ax}}) \cdot \frac{1}{2} \cdot m \cdot a_{\mathrm{x}} \tag{4.16}$$

$$F_{\mathrm{x,vr}} = (1 - k_{\mathrm{ax}}) \cdot \frac{1}{2} \cdot m \cdot a_{\mathrm{x}} \tag{4.17}$$

$$F_{\mathrm{x,hl}} = k_{\mathrm{ax}} \cdot \frac{1}{2} \cdot m \cdot a_{\mathrm{x}} \tag{4.18}$$

$$F_{\mathrm{x,hr}} = k_{\mathrm{ax}} \cdot \frac{1}{2} \cdot m \cdot a_{\mathrm{x}} \tag{4.19}$$

Die Verteilung der Querkräfte erfolgt nach dem Verhältnis des Querkraftpotentials des Reifens gegenüber dem Querkraftpotential der Achse, sodass gilt:

$$F_{\mathrm{y,vl}} = \frac{l_{\mathrm{h}}}{l} \cdot m \cdot a_{\mathrm{y}} \cdot \frac{|\vec{F}_{\mathrm{y,pot,vl}}(s_{\mathrm{x}}, \alpha)|}{|\vec{F}_{\mathrm{y,pot,vl}}(s_{\mathrm{x}}, \alpha)| + |\vec{F}_{\mathrm{y,pot,vr}}(s_{\mathrm{x}}, \alpha)|}, \tag{4.20}$$

$$F_{\mathrm{y,vr}} = \frac{l_{\mathrm{h}}}{l} \cdot m \cdot a_{\mathrm{y}} \cdot \frac{|\vec{F}_{\mathrm{y,pot,vr}}(s_{\mathrm{x}}, \alpha)|}{|\vec{F}_{\mathrm{y,pot,vl}}(s_{\mathrm{x}}, \alpha)| + |\vec{F}_{\mathrm{y,pot,vr}}(s_{\mathrm{x}}, \alpha)|}, \tag{4.21}$$

$$F_{\mathrm{y,hl}} = \frac{l_{\mathrm{v}}}{l} \cdot m \cdot a_{\mathrm{y}} \cdot \frac{|\vec{F}_{\mathrm{y,pot,hl}}(s_{\mathrm{x}}, \alpha)|}{|\vec{F}_{\mathrm{y,pot,hl}}(s_{\mathrm{x}}, \alpha)| + |\vec{F}_{\mathrm{y,pot,hr}}(s_{\mathrm{x}}, \alpha)|}, \tag{4.22}$$

$$F_{\mathrm{y,hr}} = \frac{l_{\mathrm{v}}}{l} \cdot m \cdot a_{\mathrm{y}} \cdot \frac{|\vec{F}_{\mathrm{y,pot,hr}}(s_{\mathrm{x}}, \alpha)|}{|\vec{F}_{\mathrm{y,pot,hl}}(s_{\mathrm{x}}, \alpha)| + |\vec{F}_{\mathrm{y,pot,hr}}(s_{\mathrm{x}}, \alpha)|}. \tag{4.23}$$

Es resultiert der radindividuell wirkende Kraftvektor $\vec{F}_{\mathrm{res}}$ in Gleichung 4.24, der das Kraftpotential mit der Kraftausnutzung η in Gleichung 4.25 ausnutzt.

$$|\vec{F}_{\mathrm{res}}(s_{\mathrm{x}}, \alpha)| = \sqrt{F_{\mathrm{x}}^2(s_{\mathrm{x}}, \alpha) + F_{\mathrm{y}}^2(s_{\mathrm{x}}, \alpha)} \tag{4.24}$$

$$\eta(a_{\mathrm{x}}, a_{\mathrm{y}}) = \left(1 - \frac{\max\left(|\vec{F}_{\mathrm{res,pot}}(s_{\mathrm{x}}, \alpha)|, |\vec{F}_{\mathrm{res}}(s_{\mathrm{x}}, \alpha)|\right)}{|\vec{F}_{\mathrm{res,pot}}(s_{\mathrm{x}}, \alpha)|}\right) \tag{4.25}$$

Abbildung 4.6 zeigt für ein heckgetriebenes Fahrzeug beim Durchfahren einer Linkskurve die Kraftausnutzung der Reifen in Abhängigkeit von der Längs- und Querbeschleunigung. Eine Kraftausnutzung von $\eta = 0$ entspricht einem Reifen

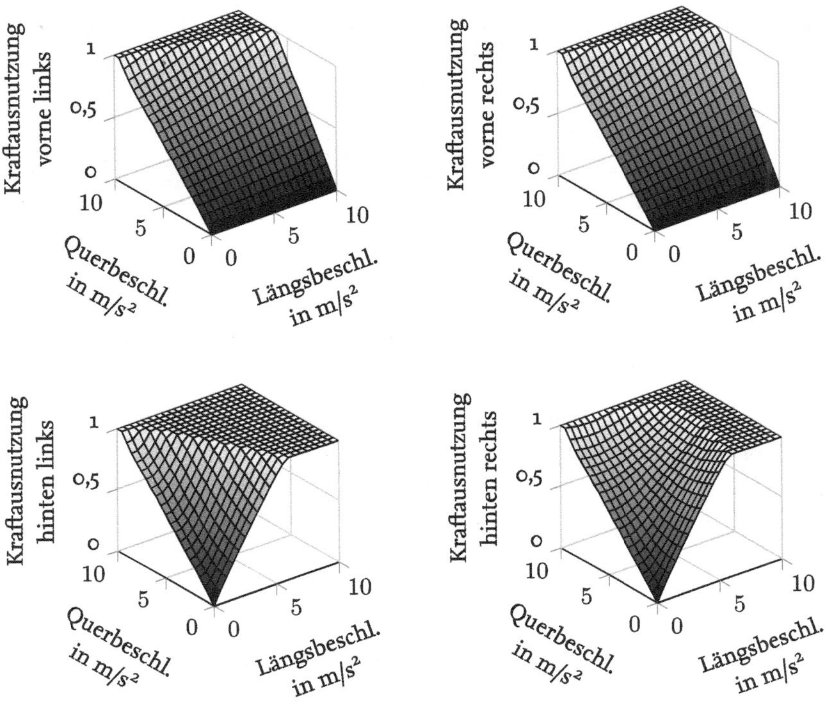

Abbildung 4.6 Darstellung der Berechnung der Reifenkraftausnutzung für ein heckgetriebenes Fahrzeug in einer Linkskurve. Die Kraftausnutzung beschreibt, inwieweit der tatsächlich auf den Reifen wirkende Kraftvektor sein Kraftpotential ausnutzt

ohne wirkende Längs- und Querkraft. Eine Kraftausnutzung von $\eta = 1$ stellt dagegen ein vollständig ausgenutztes Reifenkraftpotential dar. Die Längsbeschleunigung führt zu einer dynamischen Achslastverschiebung in Richtung Hinterachse und die einwirkende Querbeschleunigung zu einer Entlastung auf der linken Fahrzeugseite und einer Belastung des Reifens auf der rechten Fahrzeugseite. Das Reifenkraftpotential ist somit für die Reifen beider Achsen kurveninnen- und kurvenaußenseitig unterschiedlich. Die Tabelle 4.1 fasst hierbei für die Hinterreifen die maximale Querbeschleunigung $a_{\text{y,max}}$ sowie die maximalen Längsbeschleunigungen $a_{\text{x,max,hl}}$ und $a_{\text{x,max,hr}}$ zusammen, bei denen das Reifenkraftpotential η vollständig ausgenutzt wird. Die gleichmäßige Verteilung der Längskräfte auf die Hinterachse reduziert ihr Kraftpotential und begrenzt die maximale Längsbeschleunigung auf $a_{\text{x,max}} \approx 6,1$ m/s^2. Die Querkräfte werden entsprechend dem Verhältnis der Querkraftpotentiale

Tabelle 4.1 Ausgewählte Stützstellen der maximalen Querbeschleunigung $a_{\mathrm{y,max}}$ und der maximalen Längsbeschleunigung der Hinterreifen $a_{\mathrm{x,max,hl}}$ und $a_{\mathrm{x,max,hr}}$ in einer Linkskurve, bei deren die Kraftgrenze $\eta = 1$ erreicht und das Reifenkraftkraftpotential vollständig ausgenutzt wird

$a_{\mathrm{y,max}}$ in m/s^2	$a_{\mathrm{x,max,hl}}$ in m/s^2	$a_{\mathrm{x,max,hr}}$ in m/s^2
0	6,1	6,1
2	4,9	6,5
4	4	7,1
6	3	7,3
8	1,8	7
10	0	0

der Reifen gegenüber dem Querkraftpotential ihrer Achse verteilt, sodass bei einer maximalen Querbeschleunigung $a_{\mathrm{y,max}} \approx 10$ m/s^2 das Reifenkraftpotential aller Reifen vollständig ausgenutzt wird. Die Kopplung der Längs- und Querkraft führt zu einer höheren Kraftausnutzung des kurveninneren Hinterreifens, auf den somit bei gegebener Querbeschleunigung eine geringe Längsbeschleunigung einwirken kann.

4.2.2 Gleich- und Querverteilung der Antriebskräfte

Die Gleichverteilung der Antriebskraft führt dazu, dass der Reifen auf der Kurveninnenseite seine Kraftgrenze bei geringeren Längsbeschleunigungen erreicht als die der Reifen auf der Kurvenaußenseite. In diesem Fall steht dem kurvenäußeren Reifen noch ein Kraftpotential zur Verfügung, welches ungenutzt bleibt. Eine Querverteilung der Antriebskraft kann daher den Stabilitätsbereich und das Beschleunigungsvermögen des Fahrzeugs vergrößern. Die Kraftverteilung bzw. das Verteilungsmoment wird hierbei durch das Differenzmoment ΔM_{Diff} und den dynamischen Reifenhalbmesser r_{dyn} ausgedrückt, sodass sich die auf den Hinterreifen wirkenden Längskräfte ändern zu:

$$F_{\mathrm{x,hl}} = \frac{1}{2} \cdot m \cdot a_{\mathrm{x}} + \frac{\Delta M_{\mathrm{Diff}}}{2\, r_{\mathrm{dyn}}}\,, \tag{4.26}$$

$$F_{\mathrm{x,hr}} = \frac{1}{2} \cdot m \cdot a_{\mathrm{x}} - \frac{\Delta M_{\mathrm{Diff}}}{2\, r_{\mathrm{dyn}}}\,. \tag{4.27}$$

Abbildung 4.7 zeigt die Maxima für das Stellen eines Differenzmoments an der Hinterachse unter der Annahme einer Fahrt in der Ebene. Das maximale Differenzmoment ist ohne wirkende Längs- und Querbeschleunigung bei einer Kraftausnutzung $\eta = 0$ der angetriebenen Räder möglich. Darüber hinaus wird das Differenzmoment in zwei Wirkungsbereichen begrenzt. Bei geringen Längsbeschleunigungen begrenzt das kurveninnere Rad die Maxima. Die Querbeschleunigung erhöht das Reifenkraftpotential auf der Kurvenaußenseite, sodass eine Querverteilung zunächst das Reifenkraftpotential auf der Kurveninnenseite vollständig ausnutzt. Bei hohen Längsbeschleunigungen begrenzt das kurvenäußere Rad die Maxima, da das Reifenkraftpotential durch die hohen wirkenden Längskräfte an der Kurvenaußenseite zuerst ausgenutzt wird. Der erforderliche Momentenbedarfs eines TV-Systems ergibt sich aus diesen Maxima, wobei zur Vergrößerung des Stabilitätsbereichs und des Beschleunigungsvermögens des Fahrzeugs nur ausgewählte Arbeitspunkte wesentlich sind.

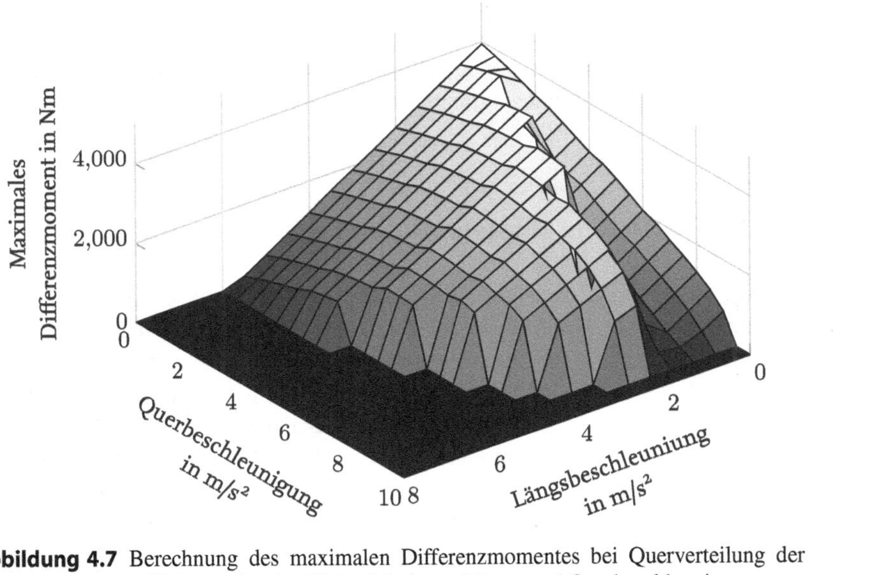

Abbildung 4.7 Berechnung des maximalen Differenzmomentes bei Querverteilung der Antriebskraft an der Hinterachse in Abhängigkeit zur Längs- und Querbeschleunigung

Abbildung 4.8 vergleicht den Stabilitätsbereich des Fahrzeugs in der a_x,a_y-Ebene zwischen einer Gleich- und einer Querverteilung und stellt die erforderlichen Differenzmomente zur vollständigen Ausnutzung der Reifenkraftpotentiale dar. Die Arbeitspunkte in der a_x,a_y-Ebene führen zu unterschiedlichen Radlasten und damit zu unterschiedlichen Reifenkraftpotentialen, wobei die Gleichverteilung der Antriebskraft das Reifenkraftpotential zunächst auf der Kurveninnenseite vollständig ausnutzt. Der hohe Längsschlupf s_x versetzt den Reifen in einen Gleitzustand und schränkt den Stabilitätsbereich des Fahrzeugs ein. Die Querverteilung der Antriebskräfte hingegen vergrößert den Stabilitätsbereich, da bei Erreichen der Kraftgrenze des Reifens auf der Kurveninnenseite eine Verteilung auf den kurvenäußeren Reifen erfolgt. Der Längsschlupf des Reifens auf der Kurveninnenseite wird reduziert, sodass höhere Querkräfte und damit höhere Querbeschleunigungen übertragen werden können. Ausgehend von dem Arbeitspunkt bei $a_x = 4\,m/s^2$ und $a_y = 4,3\,m/s^2$ ermöglicht die Querverteilung eine höhere Querbeschleunigung auf $a_y = 7,8\,m/s^2$ (symbolisiert in Abbildung 4.8 durch (1)) mit einem Differenzmoment von $\Delta M_{Diff} \approx -1100\,Nm$ und einer höheren Längsbeschleunigung auf $a_x = 5,6\,m/s^2$ (symbolisiert in Abbildung 4.8 durch (2)) mit einem Differenzmoment von $\Delta M_{Diff} \approx -1036\,Nm$. Die resultierenden Kraftvektoren nutzen das Reifenkraftpotential an beiden Reifen in diesen Arbeitspunkten vollständig aus, sodass die eingestellten Längsschlupfe gerade an der Grenze zum Gleitzustand gehalten werden. Das maximale Differenzmoment $\Delta M_{Diff} \approx -1221\,Nm$ wird in dieser Fahrsituation im Arbeitspunkt bei einer Längsbeschleunigung $a_x = 4,9\,m/s^2$ und einer Querbeschleunigung $a_y = 6,2\,m/s^2$ benötigt.

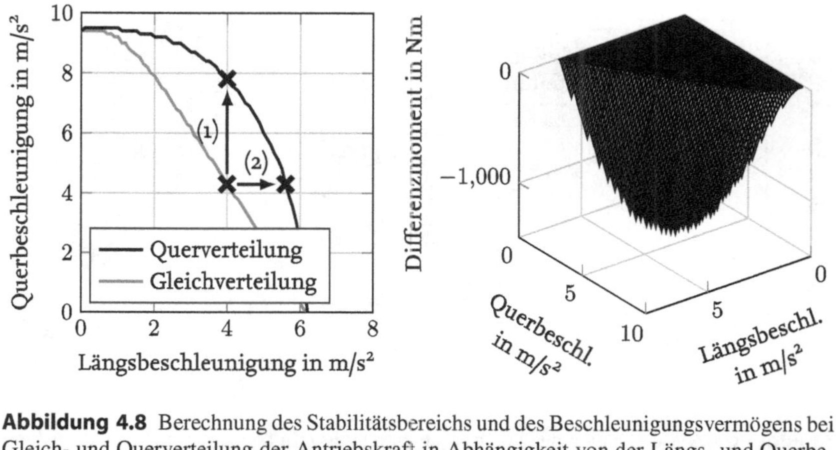

Abbildung 4.8 Berechnung des Stabilitätsbereichs und des Beschleunigungsvermögens bei Gleich- und Querverteilung der Antriebskraft in Abhängigkeit von der Längs- und Querbeschleunigung. Die linke Abbildung veranschaulicht, dass eine Querverteilung der Antriebskraft höhere Querbeschleunigungen (1) und Längsbeschleunigungen (2) ermöglicht. Die rechte Abbildung stellt die erforderlichen Differenzmomente dar

Neben der Radlast begrenzt auch ein Reibwert $\mu < 1$ das Kraftpotential eines Reifens. Eine schlechter haftende Fahrbahnoberfläche verkleinert die Krümmungsradien der Kraftpotentialellipsen in Abbildung 4.5 und vermindert die Fähigkeit des Reifens, Längs- und Querkräfte zu übertragen. Bei Geradeausfahrt und gleicher Radlast stellt das Rad mit dem geringsten Reibwert die obere Grenze dar, sodass ein theoretischer Reibwert von $\mu = 0$ den Vortrieb unmöglich machen würde. Eine Querverteilung auf das Rad mit dem höheren Reibwert ermöglicht dagegen die vollständige Ausnutzung des Kraftpotentials beider Reifen der angetriebenen Achse und die Übertragung höherer Längskräfte. In der Berechnung wird die linke Fahrzeugseite als Niedrigreibwertseite angenommen und die maximale Längsbeschleunigung bei Gleich- und Querverteilung der Antriebskraft bei unterschiedlichen Reibwertverhältnissen (Niedrigreibwert:Hochreibwert) verglichen.

Abbildung 4.9 zeigt das resultierende Längsbeschleunigungsvermögen und das erforderliche Differenzmoment für das Fahrmanöver „Beschleunigung geradeaus auf μ-Split“. Bei einem Reibwertverhältnis von $1 : 1$ ist keine Querverteilung erforderlich, sodass bei einer Gleichverteilung das Kraftpotential beider Reifen der angetriebenen Hinterachse vollständig ausgenutzt werden kann. Verschlechtert sich die Haftung der Reifen auf der Niedrigreibwertseite, sinkt bei Gleichverteilung der Antriebskraft die maximale Längsbeschleunigung proportional zum Reibwertverhältnis. In der Fahrsituation (1) bei einem Reibwertverhältnis

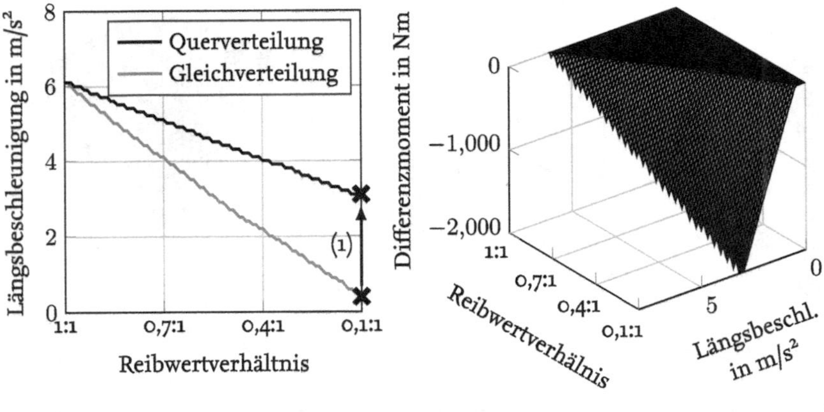

Abbildung 4.9 Berechnung des Längsbeschleunigungsvermögens für eine Geradeausfahrt mit unterschiedlichem Reibwertverhältnis (Niedrigreibwert:Hochreibwert) bei Gleich- und Querverteilung der Antriebskraft. Die linke Abbildung veranschaulicht, dass eine Querverteilung der Antriebskraft höhere maximale Längsbeschleunigungen ermöglicht. Die rechte Abbildung stellt die erforderlichen Differenzmomente dar

von 0, 1 : 1 reduziert die Fahrbahnoberfläche die maximale Längsbeschleunigung auf $a_x \approx 0,4\ \mathrm{m/s^2}$. Bei einer Querverteilung in Richtung der Hochreibwertseite werden dagegen die Kraftpotentiale beider Reifen vollständig ausgenutzt. Die maximale Längsbeschleunigung steigt auf $a_x \approx 3,1\ \mathrm{m/s^2}$ und erfordert ein Differenzmoment von $\Delta M_{\mathrm{Diff}} \approx -2084\,\mathrm{Nm}$.

4.3 Kinematische Raddrehzahldifferenz bei Kurvenfahrt

In diesem Abschnitt werden die am Fahrzeug auftretenden Raddrehzahldifferenzen analytisch berechnet. Die Berechnung der an der Hinterachse auftretenden Raddrehzahldifferenzen erfolgt in Anlehnung an Frömmig [Frö12] mit Hilfe des Prinzipschemas in Abbildung 4.10. In dem dargestellten kinematischen Ansatz dreht sich das Fahrzeug mit der Giergeschwindigkeit $\dot{\psi}$ auf einer Kreisbahn mit Kurvenradius ρ und der im Schwerpunkt wirkenden Querbeschleunigung a_y um den Momentanpol. Bewegt sich das Fahrzeug stationär auf diesem Kurvenradius, gelten die vereinfachten Beziehungen nach Mitschke [MW14]:

$$\dot{\psi} = \frac{v_x}{\rho}, \tag{4.28}$$

$$a_y = \frac{v_x^2}{\rho}. \tag{4.29}$$

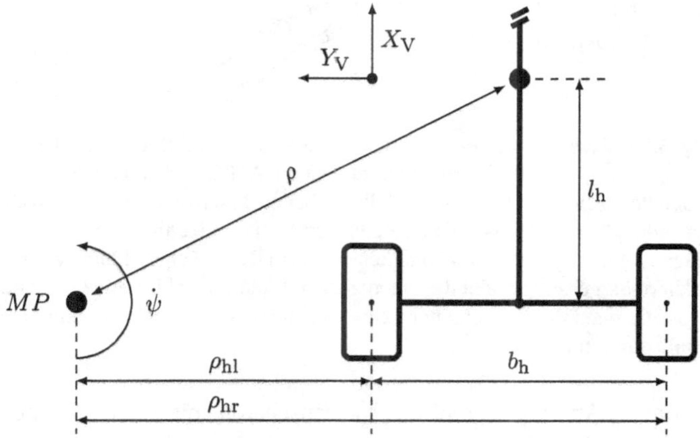

Abbildung 4.10 Skizzierte Darstellung der Hinterachse eines Fahrzeugs zur Berechnung der kinematischen Raddrehzahldifferenz in Anlehnung an Frömmig [Frö12]

Die Raddrehzahlen $v_{x,hl}$ und $v_{x,hr}$ ergeben sich aus dem trigonometrischen Zusammenhang zwischen Momentanpol, Schwerpunkt und Hinterrädern. Sie werden durch Berücksichtigung des Reifenlängsschlupfes $s_{x,hl}$ und $s_{x,hr}$ angenähert:

$$v_{x,hl} \approx \sqrt{\frac{a_y}{\rho}} \cdot \left(\sqrt{\rho^2 - l_h^2} - \frac{b_h}{2}\right) \cdot \frac{1}{1 - s_{x,hl}}, \tag{4.30}$$

$$v_{x,hr} \approx \sqrt{\frac{a_y}{\rho}} \cdot \left(\sqrt{\rho^2 - l_h^2} + \frac{b_h}{2}\right) \cdot \frac{1}{1 - s_{x,hr}}. \tag{4.31}$$

Abbildung 4.11 stellt die berechnete kinematische Raddrehzahldifferenz an der Hinterachse $\Delta v_{x,h} = v_{x,hl} - v_{x,hr}$ unter Vernachlässigung und Berücksichtigung des Reifenlängsschlupfes dar.

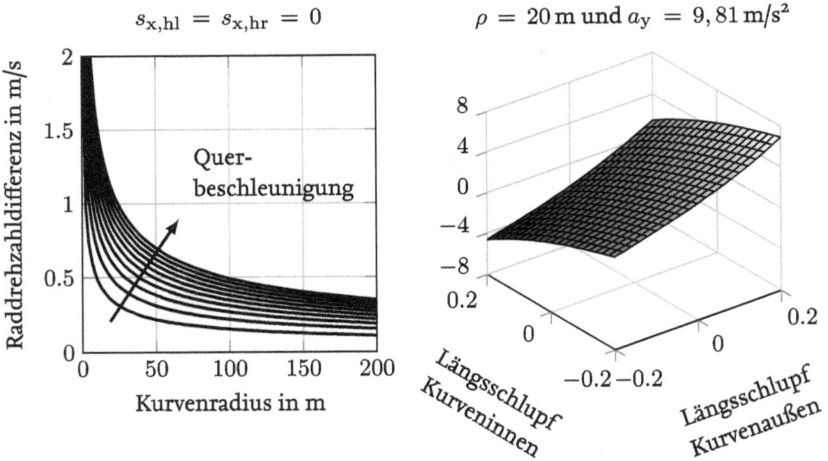

Abbildung 4.11 Berechnung der kinemtischen Raddrehzahldifferenz an der Hinterachse $\Delta v_{x,h} = v_{x,hl} - v_{x,hr}$. In der linken Abbildung ist die Abhängigkeit von der Querbeschleunigung a_y und dem Kurvenradius ρ dargestellt, wobei die kinematische Raddrehzahldifferenz mit abnehmendem Kurvenradius und zunehmender Querbeschleunigung progressiv zunimmt. In der rechten Abbildung ist die Abhängigkeit von dem Reifenlängsschlupf $s_{x,hl}$ und $s_{x,hr}$ für eine Linkskurve dargestellt, wobei die kinematische Raddrehzahldifferenz mit Verringertem Reifenlängsschlupf auf der Kurveninnenseite und Erhöhtem Reifenlängsschlupf auf der Kurvenaußenseite zunimmt

In der linken Abbildung sind die Kurvenscharen mit einer Stützstellenbreite von $\Delta a_y = 1$ m/s^2 unter Vernachlässigung des Reifenlängsschlupfes ($s_{x,hl} = s_{x,hr} = 0$) in Abhängigkeit vom Kurvenradius aufgetragen. Die kinematische

Raddrehzahldifferenz nimmt mit abnehmendem Kurvenradius und zunehmender Querbeschleunigung progressiv zu. Das Maximum liegt theoretisch bei vollständiger Ausnutzung des Reifenkraftpotentials, das heißt bei maximaler Querbeschleunigung, und einem Grenzwert des Kurvenradius nahe Null, wird aber praktisch durch den Wendekreisradius des Fahrzeugs begrenzt. Der Wendekreisradius liegt wiederum in einem fahrdynamisch irrelevanten Bereich, da er nur mit geringen Fahrzeuggeschwindigkeiten durchfahren werden kann. Nach Meißner [Mei08] muss daher ein Grenzkurvenradius gewählt werden, um einen Kompromiss zwischen der Verfügbarkeit des Systems und der Möglichkeit und der Übertragbarkeit von Differenzmomenten in sehr engen Kurven zu finden.

In der rechten Abbildung durchfährt das Fahrzeug eine Linkskurve mit einem Kurvenradius $\rho = 20$ m und der maximal wirkenden Querbeschleunigung $a_y = 9,81$ m/s^2, sodass sich eine fahrdynamisch relevante Fahrzeuggeschwindigkeit von näherungsweise $v_x \approx 50$ km/h ergibt. In einem Intervall $s_{x,i} \in [-2, 2]$ mit $i \in \{hl, hr\}$ für den Reifenlängsschlupf auf der Kurveninnen- und Kurvenaußenseite ist die kinematische Raddrehzahldifferenz der Hinterräder aufgetragen. Das Maximum der Raddrehzahldifferenz liegt bei positivem Reifenlängsschlupf auf der Kurvenaußenseite $s_{x,hr}$ und negativem Reifenlängsschlupf auf der Kurveninnenseite $s_{x,hl}$, da sich die Einflüsse von Reifenlängsschlupf und der kinematischen Raddrehzahldifferenz multiplizieren. Beim Durchfahren einer Kurve mit gleichverteilter Antriebskraft ist der positive Reifenlängsschlupf auf der Kurveninnenseite größer als auf der Kurvenaußenseite ($s_{x,hl} > s_{x,hr}$). Durch eine Querverteilung ergeben sich aus diesem Anfangszustand zwei unterschiedliche Fälle:

- Die Verteilung der Antriebskraft auf die Kurveninnenseite erhöht den Reifenlängsschlupf auf der Kurveninnenseite $s_{x,hl}$ und verringert den Reifenlängsschlupf auf der Kurvenaußenseite $s_{x,hr}$, sodass auch die kinematische Raddrehzahldifferenz $\Delta v_{x,h}$ unkritisch abnimmt.
- Die Verteilung der Antriebskraft auf die Kurvenaußenseite verringert den Reifenlängsschlupf auf der Kurveninnenseite $s_{x,hl}$ und erhöht den Reifenlängsschlupf auf der Kurvenaußenseite $s_{x,hr}$, sodass auch die kinematische Raddrehzahldifferenz $\Delta v_{x,h}$ kritisch zunimmt.

Der Fall eines kleinen Kurvenradius ρ, einer hohen wirkenden Querbeschleunigung a_y und einer Verteilung zur Kurvenaußenseite bestimmt somit die erforderliche kinematische Raddrehzahldifferenz $\Delta v_{x,h}$. Dies bestätigen auch die Simulationsergebnisse von Greger [Gre06], welcher in Kreisfahrten mit einem Kurvenradius $\rho = 60$ m und einer Querbeschleunigung von $a_y = 5$ m/s^2 eine Querverteilung simuliert. Die Verteilung zur Kurvenaußenseite bewirkt einen hohen negativen Reifenlängsschlupf an der Kurveninnenseite ($s_{x,hl} \approx -0,17$), einen leicht positiven Reifenlängsschlupf an der Kurvenaußenseite ($s_{x,hr} \approx 0,02$) und führt zu einer Raddrehzahldifferenz von $\Delta v_{x,h} \approx 4$ m/s. Die Verteilung zur Kurveninnseite führt dagegen zu einer wesentlich geringeren Raddrehzahldifferenz von $\Delta v_{x,h} \approx 0,75$ m/s.

4.4 Zusammenfassung der Ergebnisse

In diesem Kapitel wurde das fahrdynamische Potential einer Antriebskraftverteilung sowie die Vorgehensweise zur analytischen Berechnung des erforderlichen Momentenbedarfs und der erforderlichen Raddrehzahldifferenz eines TV-Systems dargestellt. Zunächst wurde auf Basis fahrdynamischer Grundlagen die Längs- und Querverteilung der Antriebskraft verglichen, wobei der Querverteilung ein höheres Potential nachgewiesen wurde. Weiterhin wurde gezeigt, dass bei einem Fahrzeug mit Tendenz zum Übersteuern eine Querverteilung an der Vorderachse und bei einem Fahrzeug mit Tendenz zum Untersteuern eine Querverteilung an der Hinterachse dem positiv entgegenwirken kann. Da die meisten Serienfahrzeuge eine Tendenz zum Untersteuern aufweisen, wurde im Folgenden von einem heckgetriebenen Fahrzeug ausgegangen. Die Vorgehensweise zur analytischen Berechnung des erofrderlichen Momentenbedarfs wurde aus dem Reifenkraftpotential abgeleitet, aus dem die Ausnutzung der auf den Reifen wirkenden Kraftvektoren bestimmt werden konnte. Es ergab sich bei Geradeaus- und Kurvenfahrt ein größerer Stabilitätsbereich des Fahrzeugs in der a_x,a_y-Ebene und ein erhöhtes Beschleunigungsvermögen in μ-Split-Situationen durch eine vollständige Ausnutzung des Kraftpotentials beider Reifen der angetriebenen Achse. Im Anschluss wurde die Vorgehensweise zur Berechnung der erforderlichen Raddrehzahldifferenz beschrieben. Ausgehend von einem kinematischen Ansatz erwies sich der Fall eines kleinen Kurvenradius bei gleichzeitig hoher wirkender Querbeschleunigung und einer Verteilung zur Kurvenaußenseite als kritisch.

Aus der Potentialanalyse ist festzuhalten, dass mit Hilfe der analytischen Berechnung die Anforderungen an ein TV-System angenähert werden können. Dazu müssen dem Fahrzeughersteller die Fahrzeug- und Reifenparameter bekannt sein. Außerdem muss festgelegt werden, welche Antriebsachse eine Querverteilung ermöglichen soll. Die analytische Berechnung berücksichtigt das Beschleunigungsvermögen und den Stabilitätsbereich des Fahrzeugs. Die Anforderungen an die Fahreigenschaften in Bezug auf den Fahrzeughersteller, den Kunden und die hinterlegte Regelungsstruktur werden jedoch nicht berücksichtigt. Im Anschluss an die Potentialanalyse wird daher im folgenden Kapitel 5 eine Methode entwickelt, bei der die Anforderungserhebung die Fahreigenschaften mit einbezieht.

5 Anforderungserhebung für Torque Vectoring Systeme

In diesem Kapitel wird eine Methode zur Erhebung der Anforderungen für ein Torque Vectoring (TV)-System beschrieben, dessen Zusammenhang Abbildung 5.1 in einem Blockschaltbild veranschaulicht. Für die Methode werden zunächst zwei Begriffe eingeführt und beschrieben: das Grundfahrverhalten und das Wunschfahrverhalten. Das Grundfahrverhalten eines Fahrzeugs bildet ein durch die Konstruktionsdaten vorgegebenes Fahrverhalten ab. Es liegt vor, wenn das Fahrzeug nicht durch seine Regelsysteme beeinflusst wird. Die Charakteristik hängt ausschließlich von den Fahrwerksparametern und der Antriebstopologie ab. Das Wunschfahrverhalten stellt dagegen das vom Regelsystem einzustellende Fahrverhalten dar. Es integriert die vom Fahrzeughersteller gewünschten Fahreigenschaften und prägt die Charakteristik des Fahrzeugs bei Geradeaus- und Kurvenfahrt. Führt der Fahrer eine Eingabe aus, zum Beispiel durch Bewegen des Lenkrades oder Betätigen eines Fahrpedals, so ergeben sich aus dem Wunschfahrverhalten und dem Grundfahrverhalten unterschiedliche Trajektorien, denen das Fahrzeug folgen soll. Um die Differenz zwischen den Trajektorien auszugleichen, ist ein Stelleingriff erforderlich, aus dessen berechneter Größe die Anforderungen erhoben werden. Im Folgenden werden die notwendigen Modelle für die Methode abgeleitet und appliziert. Zuerst erfolgt im Abschnitt 5.1 die Herleitung eines Modells zur Abbildung des Wunsch- und Grundfahrverhaltens, sowie die Vorgehensweise zur Erhebung der Anforderungen als Ausgangsgröße und der Fahrereingabe als Eingangsgröße. Im Anschluss erfolgt im Abschnitt 5.2 eine Beschreibung der Parametrierung des Wunschfahrverhaltens und abschließend im Abschnitt 5.3 die Berechnung des Wunschfahrverhaltens mit Hilfe eines maschinellen Lernverfahrens.

N. Gruner, *Konzeptentwicklung einer Methodik zur Anforderungserhebung für Torque Vectoring Systeme in Elektrofahrzeugen*, AutoUni – Schriftenreihe 178,
https://doi.org/10.1007/978-3-658-49168-0_5

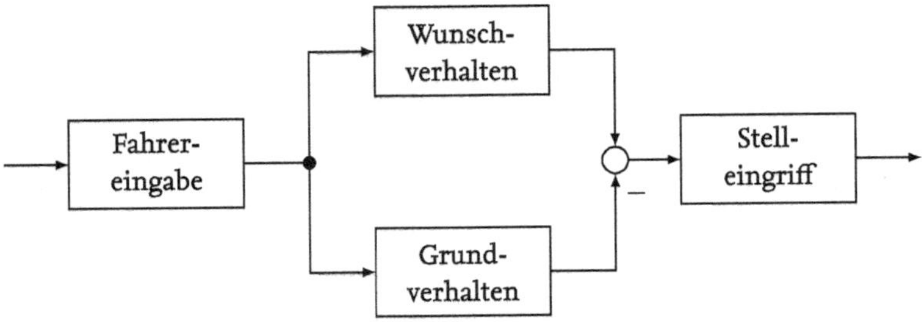

Abbildung 5.1 Blockschaltbild zur Beschreibung der Methode für die Erhebung von Anforderungen für TV-Systeme. Auf Basis der Fahrereingabe sowie des Wunsch- und Grundfahrverhaltens wird ein Stelleingriff berechnet, dessen Größe die Anforderungen bestimmt

5.1 Modellbildung und Berechnung

Das Grundfahrverhalten, das Wunschfahrverhalten und die Fahrereingabe erfordern ein Modell zur Berechnung des Stelleingriffs und damit zur Erhebung der Anforderungen. Zu diesem Zweck erfolgt im Teilabschnitt 5.1.1 die Abbildung des Wunsch- und Grundfahrverhaltens in einem Referenz- und Fahrzeugmodell, wofür der integrale Modellfolgeregelkreis eingeführt wird. Darauf aufbauend erfolgt im Teilabschnitt 5.1.2 die Berechnung des Stelleingriffs. Im letzten Teilabschnitt 5.1.2 wird die Fahrereingabe als Eingangsgröße in das Modell integriert.

5.1.1 Einführung: Modellfolgeregelkreis

Nach Follinger [FKL+22] ist es Ziel der Regelungstechnik, eine zeitlich veränderliche Größe in einem technischen System auf einen gewünschten Verlauf hin zu beeinflussen. Dabei wird die zu regelnde zeitliche Größe als Ausgangsgröße und ihr gewünschter Verlauf als Referenzgröße bezeichnet. Die Beeinflussung der Ausgangsgröße erfolgt durch die Stellgröße, für deren Berechnung zwischen einer Regelung und einer Steuerung unterschieden wird. Bei einer Regelung wird die Ausgangsgröße gemessen und zurückgeführt. Aus dem Vergleich der mit der Referenzgröße ergibt sich eine Regelabweichung, aus der ein Regler die erforderliche Stellgröße berechnet. In der Steuerung entfällt die Rückführung und die Stellgröße wird aus der inversen Abbildung des technischen Systems ohne Information über die Ausgangsgröße berechnet. Eine Regelung ist dann erforderlich, wenn das technische System nicht vollständig in einem Modell erfasst werden kann oder unbekannte Störungen die Ausgangsgröße beeinflussen. Liegt dagegen ein Modell zur Beschreibung des technischen Systems vor, ist eine Steuerung ausreichend.

In Anlehnung an diese Einführung wird in der Fahrdynamikregelung ein Wunschfahrverhalten als Referenzgröße vorgegeben, der das Fahrzeug folgen soll. Dabei arbeiten alle Fahrdynamikregelsysteme nach dem gleichen Grundprinzip. Auf Basis einer Fahrereingabe wird das Wunschfahrverhalten ermittelt und die Stellgröße berechnet, mit welcher ein Aktor eingreifen soll. Der Stelleingriff kann hierbei gesteuert oder geregelt erfolgen, wobei die aktuelle Fahrsituation bzw. der aktuelle Fahrbereich die Möglichkeit der Ansteuerung bestimmt.

Der lineare Fahrbereich ist nach Mitschke [MW14] für Querbeschleunigungen $a_y \leq 4\ \mathrm{m/s^2}$ definiert. Seine physikalischen Zusammenhänge erklären die Differentialgleichungen eines linearen Modells hinreichend genau: Die Gleichungen 5.1 und 5.2 des in Abbildung 5.2 dargestellten Einspurmodells.

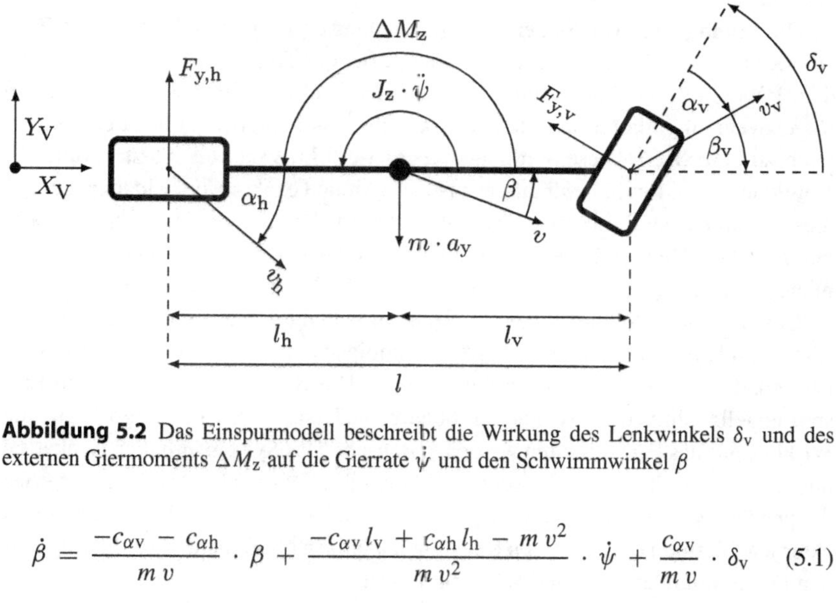

Abbildung 5.2 Das Einspurmodell beschreibt die Wirkung des Lenkwinkels δ_v und des externen Giermoments ΔM_z auf die Gierrate $\dot{\psi}$ und den Schwimmwinkel β

$$\dot{\beta} = \frac{-c_{\alpha v} - c_{\alpha h}}{m\, v} \cdot \beta + \frac{-c_{\alpha v}\, l_v + c_{\alpha h}\, l_h - m\, v^2}{m\, v^2} \cdot \dot{\psi} + \frac{c_{\alpha v}}{m\, v} \cdot \delta_v \qquad (5.1)$$

$$\ddot{\psi} = \frac{c_{\alpha v}\, l_v + c_{\alpha h}\, l_h}{J_z} \cdot \beta + \frac{-c_{\alpha v}\, l_v^2 - c_{\alpha h}\, l_h^2}{J_z\, v} \cdot \dot{\psi} + \frac{c_{\alpha v}\, l_v}{J_z} \cdot \delta_v + \frac{\Delta M_z}{J_z} \qquad (5.2)$$

Als Eingangsgrößen dienen der Lenkwinkel δ_v sowie das externe Giermoment ΔM_z und als Ausgangsgrößen die Gierrate $\dot{\psi}$ sowie der Schwimmwinkel β. Die genaue Abbildung des linearen Fahrbereichs durch das Einspurmodell und seine geringe

Komplexität erlauben es, passende Stelleingriffe gesteuert zu realisieren. Die Steuerung hat den Vorteil einer geringeren zeitlichen Verzögerung, da zur Bildung der Stellgröße keine Messung der Ausgangsgröße und keine Berechnung der Regelabweichung erforderlich ist. Der Stelleingriff reagiert direkt auf eine Änderung der Eingangsgröße, sodass nach Duda [DB03] insbesondere bei dynamischen Fahreingaben das Fahrzeug schneller auf die Referenzgröße geführt werden kann. Fahrsituationen für Querbeschleunigungen $a_y > 4 \text{ m/s}^2$, die auch als nichtlinearer Grenzbereich bezeichnet werden, bildet das Einspurmodell dagegen zunehmend schlechter ab. Die Modellierung gestaltet sich schiweriger, da die nichtlinearen Reifeneigenschaften das Fahrverhalten zunehmend beeinflussen. Die alleinige Verwendung einer Steuerung würde zu Stelleingriffen führen, die keine vollständige Angleichung zum Wunschfahrverhalten bewirken. Es verbleibt eine Regelabweichung. Der nichtlineare Grenzbereich erfordert daher zusätzlich eine Regelung, welche aus der Regelabweichung einen Stelleingriff errechnet und die wirkenden Nichtlinearitäten ausgleicht.

Die Kombination von Steuerung und Regelung ergänzt deren Vorteile und führt zum Konzept der Trajektorienfolgeregelung. Bei der Trajektorienfolgeregelung ist dem Regelzweig eine Steuerung vorgeschaltet. Ziel der Vorsteuerung ist es, den Regelzweig zu entlasten und den erforderlichen Stelleingriff im linearen Fahrbereich zu berechnen. Diese Wirkungsweise ist erfüllt, wenn die Vorsteuerung die Abbildung des Grundfahrverhaltens in einem Modell exakt invers widerspiegelt. In diesem Fall ersetzt die Inverse das Grundfahrverhalten und realisiert das Wunschfahrverhalten. Duda [DBB+97] empfiehlt daher, zunächst die Vorsteuerung zu optimieren und das System möglichst detailliert in der Inversen abzubilden.

Das Einspurmodell bildet das Grundfahrverhalten im linearen Fahrbereich vollständig und im nichtlinearen Fahrbereich anteilig ab. Ein invertiertes Einspurmodell ist demzufolge für die Vorsteuerung geeignet. Die Berechnung des inversen Einspurmodells führt jedoch zu einem Problem: Die Ursache des Stelleingriffs und die Wirkung auf das Fahrverhalten werden vertauscht. Das Systemverhalten ist akausal und mathematisch nicht aufzulösen. Als Hilfsmittel wird daher als Eingangsgröße die gewünschte Gierbeschleunigung $\ddot{\psi}_{\text{ref}}$ verwendet, sodass die Berechnung eines externen Giermoments ΔM_z als Reaktion analytisch ermöglicht wird. Es folgt aus den Differentialgleichungen des Einspurmodells:

$$\Delta M_z = J_z \cdot \ddot{\psi}_{\text{ref}} + c_{\alpha\text{v}} l_\text{v} \cdot (\beta_\text{v} - \delta_\text{v}) - c_{\alpha\text{h}} l_\text{h} \cdot \beta_\text{h} , \tag{5.3}$$

$$\dot{\psi}_{\text{ref}} = \int \ddot{\psi}_{\text{ref}} . \tag{5.4}$$

Die Integration der Gierbeschleunigung führt zur gewünschten Gierrate $\dot{\psi}_{\text{ref}}$, die als eigentliche Referenzgröße dient. Ihre Berechnung erfolgt in einem Referenzmodell, welches das Konzept der Trajektorienfolgeregelung erweitert und zum Modellfolgeregelkreis führt. Dieser ist in Abbildung 5.3 skizziert und basiert auf der Arbeit von Laumanns [Lau07]. Die Anforderungserhebung erfolgt auf seiner Grundlage und wird im Folgenden beschrieben.

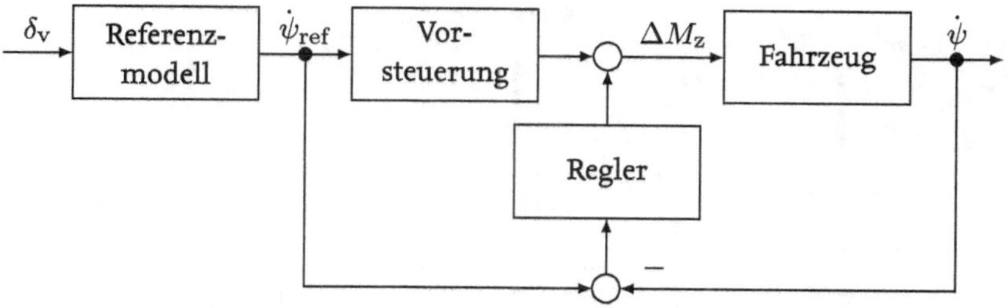

Abbildung 5.3 Blockschaltbild des Modellfolgeregelkreises nach Laumanns [Lau07]. Das Fahrzeug soll dem Wunschfahrverhalten aus dem Referenzmodell mit Hilfe eines berechneten Stelleingriffs aus der Vorsteuerung und des Reglers folgen

5.1.2 Berechnung des Stelleingriffs

Die Anforderungserhebung resultiert aus den Stelleingriffen, die sich aus der Differenz zwischen Wunsch- und Grundfahrverhalten ergeben. Für ihre Modellierung wird der Modellfolgeregelkreis verwendet, welcher die erforderlichen Stelleingriffe durch eine Vorsteuerung berechnet und das Wunschfahrverhalten mit Hilfe eines Referenzmodells in Form einer gewünschten Gierrate bzw. Gierbeschleunigung abbildet. Das Grundfahrverhalten ist durch ein unverändertes lineares Einspurmodell vergleichsweise einfach zu modellieren. Die Anforderungen ergeben sich somit direkt aus der Differenz zwischen Referenz- und Fahrzeugmodell über das Blockschaltbild in Abbildung 5.4.

Im Folgenden wird das Referenzmodell durch das Referenz-Einspurmodell $G_{\delta,\text{ref}}(s)$ und das Fahrzeugmodell durch das unveränderte Einspurmodell $G_\delta(s)$ ausgedrückt. Die gewünschte Gierrate $\dot{\psi}_{\text{ref}}$ aus dem Referenzmodell und die Gierrate $\dot{\psi}$ aus dem Fahrzeugmodell ergeben sich bei Anregung mit einer Lenkbewegung δ_{v} durch den Fahrer. Aus der Gierratendifferenz berechnet das inverse Einspurmodell $G_{\text{M}}^{-1}(s)$ vorgesteuert eine Giermomentenänderung ΔM_{z}. Das Differenzmoment des TV-Systems ΔM_{Diff} ergibt sich somit nach Umrechnung aus der Gesamt-Übertragungsfunktion:

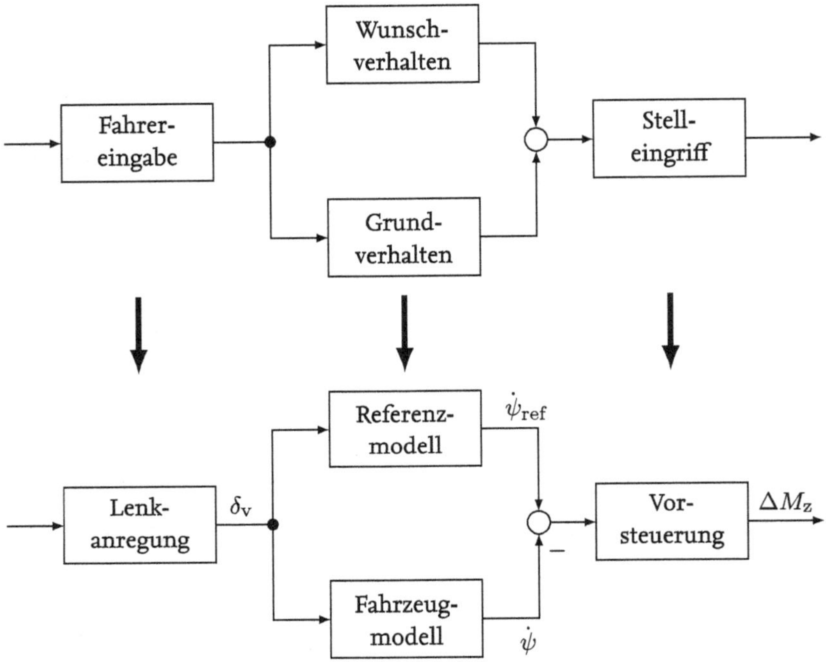

Abbildung 5.4 Blockschaltbild für die Berechnung des Stelleingriffs. Das Wunsch- und Grundfahrverhalten bilden das Referenz- und Fahrzeugmodell ab. Die Vorsteuerung berechnet den erforderlichen Stelleingriff, aus dem die Anforderungen an den Aktor abgeleitet werden können

$$\Delta M_{\mathrm{Diff}} = \delta_{\mathrm{v}} \cdot \left(G_{\delta,\mathrm{ref}}(s) - G_{\delta}(s)\right) \cdot G_{\mathrm{M}}^{-1}(s) \cdot \frac{2\, r_{\mathrm{dyn}}}{b_{\mathrm{h}}} . \tag{5.5}$$

Die Gesamt-Übertragungsfunktion aus Gleichung 5.5 veranschaulicht das Bodediagramm in Abbildung 5.5. Das für die gewünschte Gierrate erforderliche zusätzliche Differenzmoment aus dem Referenzmodell ist durchgezogen und das für die Gierrate aus dem Fahrzeugmodell berechnete Differenzmoment ist gestrichelt als Funktion der Lenkfrequenz dargestellt. Die Differenz der Übertragungsfunktionen aus dem Referenz- und Fahrzeugmodell $G_{\delta,\mathrm{ref}}(s) - G_{\delta}(s)$ bestimmt den Stelleingriff und damit das einzustellende Differenzmoment des TV-Systems. Die Größe des Stelleingriffs wird durch die Lenkanregung des Fahrers bestimmt, wobei die Anregung in Abhängigkeit von Frequenz und Amplitude den Arbeitspunkt bestimmt. In der Fahrsituation (1) errechnet sich der Differenzmomentenbedarf bei einer

Anregung mit $f = 1$ Hz zu $\Delta M_{\mathrm{Diff}}/\delta_{\mathrm{v}} \approx 100$ Nm/°, sodass pro Grad eingestellter Lenkamplitude ein Differenzmoment von $\Delta M_{\mathrm{Diff}} \approx 100$ Nm erforderlich ist. Gleichzeitig ist eine Phasenverschiebung von $\phi \approx 8\,°$ erforderlich, was einer beschleunigten Reaktion von $\Delta T \approx 22$ ms entspricht. Die Gesamt-Übertragungsfunktion kann somit zur Berechnung des Stelleingriffs bei vorhandener Lenkanregung verwendet werden. Die Berechnung dieser Eingangsgröße erfolgt im nächsten Teilabschnitt.

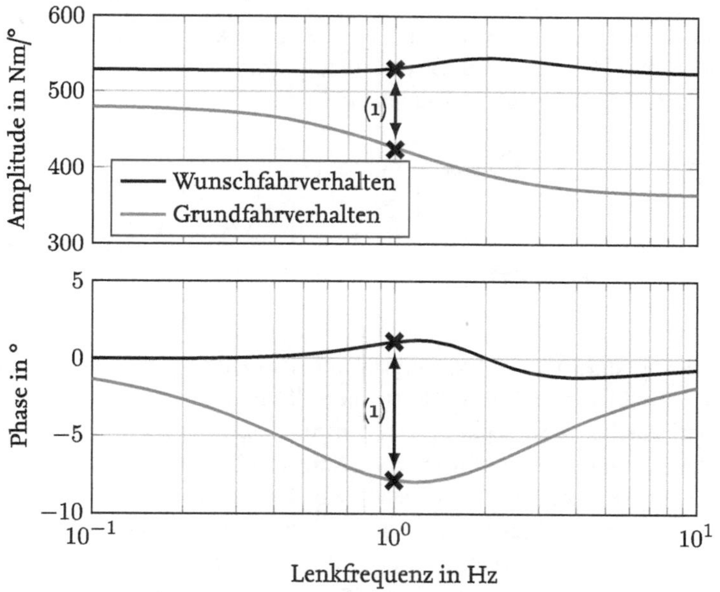

Abbildung 5.5 Bodediagramm des Wunsch- und Grundfahrverhaltens. Das erforderliche Differenzmoment des Wunschfahrverhaltens durchgezogen und des Grundfahrverhaltens gestrichelt als Funktion der Lenkfrequenz dargestellt

5.1.3 Berechnung der Fahrereingabe

Die Anforderungserhebung erfordert zur Abbildung der Fahrereingabe eine Lenkanregung, bestehend aus Amplitude und Frequenz. Zuerst soll auf die Lenkamplitude eingegangen werden, welche sich aus der wirkenden Querbeschleunigung am Fahrzeug a_{y} ergibt:

$$\delta_{\mathrm{v}} = \frac{l + EGv_{\mathrm{x}}^2}{v_{\mathrm{x}}^2} \cdot a_{\mathrm{y}} \text{ mit } EG = \frac{\mathrm{d}\delta_{\mathrm{v}}}{\mathrm{d}a_{\mathrm{y}}} = \frac{m}{l} \cdot \left(\frac{c_{\alpha\mathrm{h}} l_{\mathrm{h}} - c_{\alpha\mathrm{v}} l_{\mathrm{v}}}{c_{\alpha\mathrm{h}}\, c_{\alpha\mathrm{v}}} \right). \tag{5.6}$$

Der Eigenlenkgradient EG beschreibt den Gradienten zwischen Lenkwinkelbedarf und der Querbeschleunigung und wird im Einspurmodell linear angenommen. Die nichtlinearen Reifeneigenschaften begrenzen jedoch die wirkende Querbeschleunigung, sodass die Annahme nur im linearen Fahrbereich gültig ist. Im Grenzbereich würde ein konstanter Eigenlenkgradient mit zunehmender Lenkamplitude zu einer unendlich wachsenden Querbeschleunigung führen. Als Hilfsmittel wird daher die Lenkamplitude bei hoher Kraftausnutzung der Reifen künstlich zu einem sättigenden Lenkwinkel $\delta_{\mathrm{v,sat}}$ reduziert. Die Kraftausnutzung η_{Ausnutz} verkleinert hierfür den stationären Endwert der Lenkamplitude:

$$\delta_{\mathrm{v,sat}} = \delta_{\mathrm{v}} \cdot f\,(\eta_{\mathrm{Ausnutz}}) \tag{5.7}$$

$$\eta_{\mathrm{Ausnutz}} = \begin{cases} 0 & 0 \leq \frac{a_{\mathrm{y}}}{\mu} \leq 4 \\ \frac{1}{2}\left(4 - \frac{a_{\mathrm{y}}}{\mu}\right) - 1 & 4 < \frac{a_{\mathrm{y}}}{\mu} \leq 6 \\ 1 & 6 < \frac{a_{\mathrm{y}}}{\mu} \end{cases} \tag{5.8}$$

Die Lenkamplitude steht in Abhängigkeit von der Lenkfrequenz. In Anlehnung an Decker [Dec09] wird daher eine Systemidentifikation des normierten Leistungsspektrums durchgeführt, deren Ergebnis in Abbildung 5.6 für die Lenkbewegung einer stationären und einer dynamischen Anregung dargestellt ist. Zur Identifikation werden die Fahrmanöver Anlenken auf der Geraden sowie dem doppelten ISO-Spurwechsel [fS99] herangezogen, um Fahrsituationen aus der Praxis widerzuspiegeln. So führen nach Wagner [WRBP15] alltägliche Lenkbewegungen wie das Anlenken auf der Geraden zu einer stationären Anregung bei niedrigen Frequenzen, sodass in der linken Abbildung die Lenkbewegung des Fahrers eine hohe Leistungsdichte bei den Lenkfrequenzen $f \leq 0,5$ Hz anregt. In der rechten Abbildung erreicht eine dynamische Anregung wie der doppelte ISO-Spurwechsel die höchste Leistungsdichte zwischen den Frequenzen $0,5 < f \leq 1$ Hz und würde in der Praxis ein Ausweichmanöver darstellen. Für Frequenzen $f > 1$ Hz ist das Leistungsspektrum beider Anregungsformen streng monoton fallend, wobei Schindler [Sch07] und Breuer [Bre98] den relevanten Frequenzbereich bis $f < 1,5$ Hz einschränken. Lenkfrequenzen $f \geq 1,5$ Hz führen daher zu einer so geringen Anregung, dass ihre Betrachtung vernachlässigt werden kann.

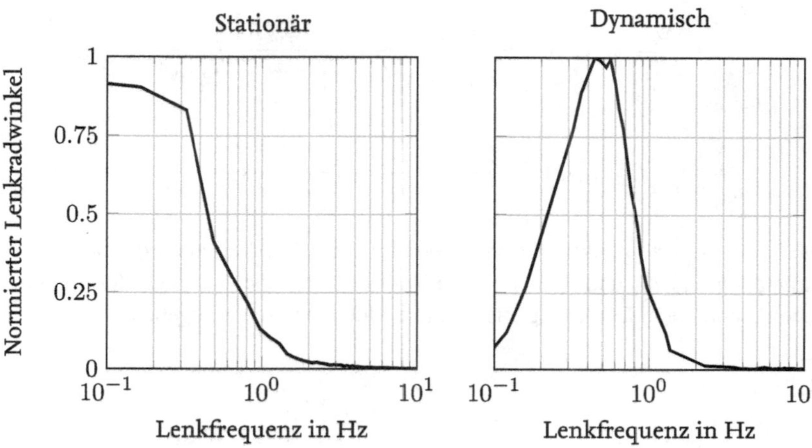

Abbildung 5.6 Leistungsspektrum einer stationären und dynamischen Lenkanregung. Die linke Abbildung entspricht einer stationären Lenkanregung mit hoher Leistungsdichte bei Frequenzen $f \leq 0,5$ Hz. Die rechte Abbildung entspricht einer dynamischer Lenkanregung mit hoher Leistungsdichte bei Frequenzen $0,5 < f < 1$ Hz

Aus der Kombination von Lenkamplitude und Lenkfrequenz ergibt sich somit die Darstellung der Fahrereingabe durch die Lenkanregung. Auf deren Anwendung wird im Kapitel 6 im Abschnitt 6.2.2 näher eingegangen. Im Folgenden wird jedoch zunächst die Berechnung des Referenzmodells als zentraler Kern der Anforderungserhebung zur Abbildung des Wunschfahrverhaltens beschrieben.

5.2 Modellbildung des Wunschfahrverhaltens

Zur Anforderungserhebung wird das Wunschfahrverhalten in einem Referenzmodell abgebildet. In diesem Abschnitt erfolgt die Modellbildung des auf Laumanns [Lau07] basierenden Referenzmodells. Als Ausgangspunkt dienen die Differentialgleichungen des linearen Einspurmodells, deren Übertragungsverhalten die Wirkung der Lenkbewegung des Fahrers auf die Gier- und Schwimmwinkelbewegung und somit das Grundfahrverhalten des Fahrzeugs beschreiben. Da das Vorzeichen des Schwimmwinkels geschwindigkeitsabhängig variiert, wird der analytisch einfach zu berechnende Hinterachsschwimmwinkel verwendet, der zudem direkte Rückschlüsse auf das Verhalten der Hinterachse zulässt. Die Übertragungsfunktionen $G_{\dot{\psi}}$ und $G_{\beta\mathrm{h}}$ ergeben sich hierbei zu:

$$\frac{\dot{\psi}}{\delta_{\mathrm{v,sat}}} = G_{\dot{\psi}}(s) = \frac{\dot{\psi}_{\mathrm{stat}}}{\delta_{\mathrm{v}}} \cdot \frac{1}{i_L} \cdot \frac{\frac{1}{z_{\dot{\psi}}}s + 1}{\frac{1}{\omega_{\mathrm{e}}^2}s^2 + \frac{2D\omega_{\mathrm{e}}}{\omega_{\mathrm{e}}^2}s + 1}, \tag{5.9}$$

$$\frac{\beta_{\mathrm{h}}}{\delta_{\mathrm{v,sat}}} = G_{\beta\mathrm{h,ref}}(s) = \frac{\beta_{\mathrm{h,stat}}}{\delta_{\mathrm{v}}} \cdot \frac{1}{i_L} \cdot \frac{\frac{1}{z_{\beta\mathrm{h}}}s + 1}{\frac{1}{\omega_{\mathrm{e}}^2}s^2 + \frac{2D\omega_{\mathrm{e}}}{\omega_{\mathrm{e}}^2}s + 1}. \tag{5.10}$$

Die beiden Übertragungsfunktionen besitzen ein PDT2-Verhalten mit den Stationäranteilen $\dot{\psi}_{\mathrm{stat}}/\delta_{\mathrm{v}}$ und $\beta_{\mathrm{h,stat}}/\delta_{\mathrm{v}}$, den Nullstellen $z_{\dot{\psi}}$ und $z_{\beta\mathrm{h}}$ sowie der Eigenfrequenz ω_{e} und dem Dämpfungsmaß D. Die Modellparameter ergeben sich zu:

$$\frac{\dot{\psi}_{\mathrm{stat}}}{\delta_{\mathrm{v}}} = \frac{v_{\mathrm{x}}}{l + EGv_{\mathrm{x}}^2}, \tag{5.11}$$

$$\frac{\beta_{\mathrm{h,stat}}}{\delta_{\mathrm{v}}} = -\frac{ml_{\mathrm{v}}}{lc_{\alpha\mathrm{h}}}\frac{v_{\mathrm{x}}^2}{l + EGv_{\mathrm{x}}^2}, \tag{5.12}$$

$$z_{\dot{\psi}} = \frac{lc_{\alpha\mathrm{h}}}{ml_{\mathrm{v}}v_{\mathrm{x}}}, \tag{5.13}$$

$$z_{\beta\mathrm{h}} = -\frac{ml_{\mathrm{v}}v_{\mathrm{x}}}{J_{\mathrm{z}} - ml_{\mathrm{v}}l_{\mathrm{h}}}, \tag{5.14}$$

$$\omega_{\mathrm{e}} = \sqrt{\frac{c_{\alpha\mathrm{h}}l_{\mathrm{h}} - c_{\alpha\mathrm{v}}l_{\mathrm{v}}}{J_{\mathrm{z}}} + \frac{l^2c_{\alpha\mathrm{v}}c_{\alpha\mathrm{h}}}{J_{\mathrm{z}}mv_{\mathrm{x}}^2}}, \tag{5.15}$$

$$2D\omega_{\mathrm{e}} = \frac{c_{\alpha\mathrm{v}} + c_{\alpha\mathrm{h}}}{mv_{\mathrm{x}}} + \frac{c_{\alpha\mathrm{v}}l_{\mathrm{v}}^2 - c_{\alpha\mathrm{h}}l_{\mathrm{h}}^2}{J_zv_{\mathrm{x}}}. \tag{5.16}$$

Abbildung 5.7 stellt die Modellparameter als Funktion der Geschwindigkeit in einem Intervall zwischen $v_{\mathrm{x}} \in [30, 180]$ km/h dar. Aus ihnen ist das Grundfahrverhalten eines Fahrzeugs abzuleiten. Die Gierübertragungsfunktion beschreibt die Drehung des Fahrzeugs um die Vertikalachse als Reaktion auf die Lenkbewegung des Fahrers. Der Stationäranteil der Gierrate $\dot{\psi}_{\mathrm{stat}}$ steigt mit zunehmender Geschwindigkeit v_{x} bis zu einem Maximum an, das typischerweise zwischen $100 \geq v_{\mathrm{x}}$ 150 km/h liegt, und fällt dann leicht ab. Zusammen mit der regressiv wachsenden Nullstelle $z_{\dot{\psi}}$, führt eine höhere Geschwindigkeit insgesamt zu einer verstärkten und beschleunigten Gier- und damit Vorderachsreaktion. Die Hinterachsreaktion wird dagegen durch die Übertragungsfunktion des Hinterachsschwimmwinkels beschrieben. Während der stationäre Anteil $\beta_{\mathrm{h,stat}}$ mit zunehmender Geschwindigkeit v_{x} degressiv ansteigt, nimmt die Nullstelle $z_{\beta\mathrm{h}}$ proportional zu und regt bereits bei niedrigen Geschwindigkeiten einen nicht relevanten Frequenzbereich $f >> 1,5$ Hz an. Eine höhere Geschwindigkeit führt daher zu einer verstärkten, aber verzögerten Reaktion der Hinterachse auf die Lenkbewegung des Fahrers. Sowohl die beschleunigte Reaktion der Vorderachse als auch die verzögerte Reaktion der Hinterachse führen dazu, dass das Fahrzeug zum Übersteuern neigt und mit zunehmender Geschwindigkeit tendenziell schwieriger zu beherrschen ist.

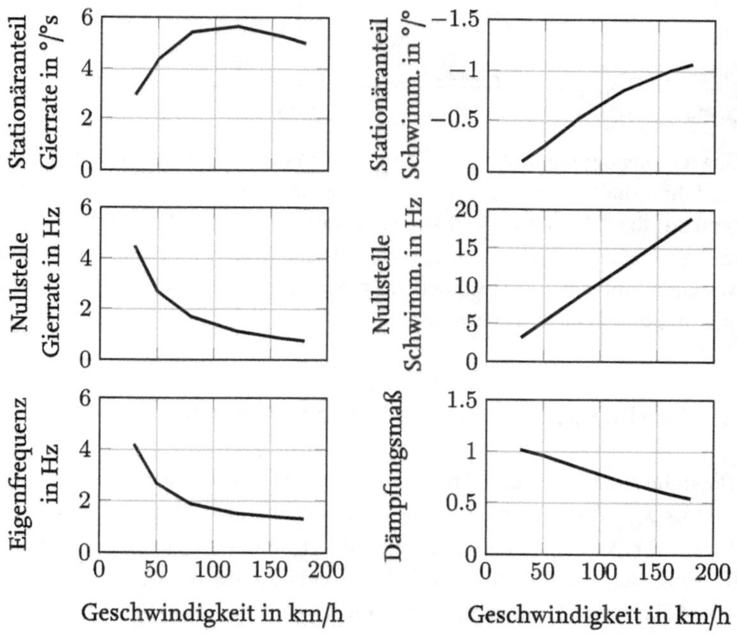

Abbildung 5.7 Modellparameter der Gier- und Schwimmwinkelübertragungsfunktion an der Hinterachse als Funktion der Geschwindigkeit

Die Übersteuertendenz wird zusätzlich durch die Eigenschaften der Eigenfrequenz ω_e und des Dämpfungsmaßes D verstärkt. Beide wachsen ebenfalls regressiv mit zunehmender Geschwindigkeit. Die abnehmende Dämpfung und die Tatsache, dass die Nullstelle der Gierrate $z_{\dot{\psi}}$ eine höhere Frequenz als die Eigenfrequenz anregt, führen ab einer Geschwindigkeit von $v_x \geq 80$ km/h zu einer Resonanzüberhöhung im Bereich der Eigenfrequenz der Gierübertragungsfunktion. Das Fahrzeug reagiert auf diese Überhöhung zudem bei höheren Geschwindigkeiten mit einer beschleunigten Reaktion, da die Nullstelle absinkt.

Um das Fahrverhalten zu beeinflussen und die Fahrzeugreaktion an die Wünsche des Fahrzeugherstellers anzupassen, werden im Referenzmodell die Modellparameter mit Faktoren λ gewichtet. Die Referenz-Übertragungsfunktionen ergeben sich hierdurch zu:

$$\frac{\dot{\psi}_{\mathrm{ref}}}{\delta_{\mathrm{v,sat}}} = G_{\dot{\psi},\mathrm{ref}}(s) = \frac{\dot{\psi}_{\mathrm{stat,ref}}}{\delta_{\mathrm{v}}} \cdot \frac{1}{i_{\mathrm{L}}} \cdot \frac{\frac{1}{\lambda_{\dot{\psi}} z_{\dot{\psi}}} s + 1}{\frac{1}{\lambda_{\omega}^2 \omega_{\mathrm{e}}^2} s^2 + \frac{\lambda_{\mathrm{D}} \lambda_{\omega} 2 D \omega_{\mathrm{e}}}{\lambda_{\omega}^2 \omega_{\mathrm{e}}^2} s + 1}, \tag{5.17}$$

$$\frac{\beta_{\mathrm{h,ref}}}{\delta_{\mathrm{v,sat}}} = G_{\beta\mathrm{h,ref}}(s) = \frac{\beta_{\mathrm{h,stat,ref}}}{\delta_{\mathrm{v}}} \cdot \frac{1}{i_{\mathrm{L}}} \cdot \frac{\frac{1}{\lambda_{\beta\mathrm{h}} z_{\beta\mathrm{h}}} s + 1}{\frac{1}{\lambda_{\omega}^2 \omega_{\mathrm{e}}^2} s^2 + \frac{\lambda_{\mathrm{D}} \lambda_{\omega} 2 D \omega_{\mathrm{e}}}{\lambda_{\omega}^2 \omega_{\mathrm{e}}^2} s + 1}. \tag{5.18}$$

Die Gewichtung der Faktoren modifiziert das Grundfahrverhalten und bestimmt das Wunschfahrverhalten des Fahrzeugs. Im Folgenden werden die Auswirkungen der Faktoren auf das Wunschfahrverhalten zunächst im Teilabschnitt 5.2.1 für das stationäre Fahrverhalten und anschließend im Teilabschnitt 5.2.2 für das dynamische Fahrverhalten untersucht. Abschließend wird im Teilabschnitt 5.2.3 eine Parametrierung im Fahrversuch ausgewertet.

5.2.1 Einfluss auf das stationäre Fahrverhalten

Die Beeinflussung des stationären Fahrverhaltens erfolgt über eine Gewichtung des Faktors $\lambda_{\mathrm{stat},\dot{\psi}}$ und wirkt auf die Eigenlenkcharakteristik des Fahrzeugs ein, welche den Lenkwinkelbedarf bei Kurvenfahrt beschreibt. Die Eigenlenkcharakteristik setzt sich nach Pfeffer [PH13] aus zwei Anteilen zusammen: dem sogenannten Ackermann-Lenkwinkel, dem Quotienten aus Radstand l und Kurvenradius ρ, und dem Eigenlenkgradienten EG, dem von der Querbeschleunigung abhängigen Lenkwinkelbedarf. Das Grundfahrverhalten des Fahrzeugs entspricht bei einem $EG = 0\,°\mathrm{s/m^2}$ einem neutralen stationären Fahrverhalten, bei einem $EG < 0\,°\mathrm{s/m^2}$ einem untersteuernden stationären Fahrverhalten und bei einem $EG > 0\,°\mathrm{s/m^2}$ einem übersteuernden stationären Fahrverhalten. Zur Gewichtung der Eigenlenkcharakteristik wirkt der Faktor $\lambda_{\mathrm{stat},\dot{\psi}}$ näherungsweise direkt proportional auf die Eigenlenkcharakteristik ein:

$$\delta_{\mathrm{v,ref}} = \delta_{\mathrm{v,sat}} \cdot \lambda_{\mathrm{stat},\dot{\psi}}(\eta_{\mathrm{Ausnutz}}, v_{\mathrm{x}}), \tag{5.19}$$

$$\delta_{\mathrm{v,sat}} = \left(\frac{l}{\rho} + EG \cdot a_y\right) \cdot f\,(\eta_{\mathrm{Ausnutz}}), \tag{5.20}$$

Eine Erhöhung des Faktors $\lambda_{\text{stat},\dot{\psi}}$ wirkt auf die Eingangsgröße, den im nichtlinearen Bereich gesättigten Lenkwinkel $\delta_{\text{v,sat}}$, in Abhängigkeit von der Geschwindigkeit v_{x} und der Kraftausnutzung η_{Ausnutz} ein und führt zu einer Verstärkung der Gier- und Querbeschleunigungsreaktion des Fahrzeugs. Es ergibt sich ein erforderlicher Lenkwinkel $\delta_{\text{v,ref}}$ für das im Referenzmodell hinterlegte Wunschfahrverhalten mit Hilfe von:

$$\frac{\dot{\psi}_{\text{stat,ref}}}{\delta_{\text{v,sat}}} = \frac{v_{\text{x}}}{l + EG_{\text{ref}} v_{\text{x}}^2} = \frac{v_{\text{x}}}{l + EG v_{\text{x}}^2} \cdot \lambda_{\text{stat},\dot{\psi}}\,, \tag{5.21}$$

$$\lambda_{\text{stat},\dot{\psi}} = \frac{\dot{\psi}_{\text{ref,stat}}}{\delta_{\text{v,sat}}} \cdot \frac{l + EG v_{\text{x}}^2}{v_{\text{x}}} = \frac{\frac{l}{v_{\text{x}}^2} + EG}{\frac{l}{v_{\text{x}}^2} + EG_{\text{ref}}} \approx \frac{EG}{EG_{\text{ref}}}\,. \tag{5.22}$$

Der Faktor $\lambda_{\text{stat},\dot{\psi}}$ berechnet sich somit näherungsweise aus dem Quotienten der Eigenlenkgradienten des Grundfahrverhaltens EG und des Wunschfahrverhalten EG_{ref}. Abbildung 5.8 stellt die Auswirkungen der Parametrierung auf das stationäre Fahrverhalten dar. Mit $\lambda_{\text{stat},\dot{\psi}} = 1$ stellt sich ein für ein Straßenfahrzeug typisches untersteuerndes Fahrverhalten ein, da der Lenkradwinkel mit zunehmender Querbeschleunigung progressiv ansteigt. Während eine Verringerung des Faktors die Untersteuertendenz verstärkt, agilisiert eine Erhöhung des Faktors das Fahrzeug und führt zur Absenkung der gewünschten Eigenlenkcharakteristik bis zu einem neutralen Fahrverhalten mit $EG_{\text{ref}} \approx 0\,°\text{s/m}^2$.

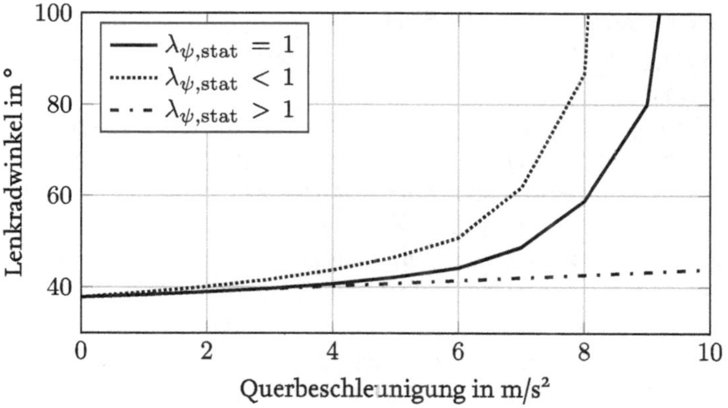

Abbildung 5.8 Berechnung des Einflusses des Faktors $\lambda_{\text{stat},\dot{\psi}}$ auf die Eigenlenkcharakteristik im Referenzmodell. Ausgehend von $\lambda_{\text{stat},\dot{\psi}} = 1$ bewirkt eine Verringerung des Faktors eine Verstärkung der Untersteuertendenz. Eine Erhöhung des Faktors führt zu einer Agilisierung des Fahrzeugs

5.2.2 Einfluss auf das dynamische Fahrverhalten

Die Beeinflussung des dynamischen Fahrverhaltens im Referenzmodell erfolgt durch eine Gewichtung der Nullstellen, der Eigenfrequenz und des Dämpfungsmaßes mit Hilfe der Faktoren λ. Dies führt zu einer Modifizierung der Frequenzgänge, welche die Verstärkung und die Verzugszeit bei Anregung durch die Lenkbewegung des Fahrers wiedergeben. Im Folgenden wird zunächst die Gierübertragungsfunktion, anschließend die Hinterachs-Schwimmwinkelübertragungsfunktion und schließlich die Querbeschleunigungsübertragungsfunktion gewichtet und analysiert.

Beeinflussung der Gierübertragungsfunktion
Abbildung 5.9 veranschaulicht die Auswirkungen der Faktoren des Stationäranteils $\lambda_{\text{stat},\dot{\psi}}$, der Nullstelle $\lambda_{\dot{\psi}}$, der Eigenfrequenz λ_{ω} und des Dämpfungsmaßes λ_{D} auf das Übertragungsverhalten der Gierübertragungsfunktion bei einer Geschwindigkeit von $v_{\text{x}} = 100$ km/h.

Die Kurvenscharen variieren in einem Wertebereich zwischen $\lambda \in [0,8,\ 1,2]$, wobei ausgehend von $\lambda = 1$ kleine Faktoren $\lambda = 0,8$ dunkel und große Faktoren $\lambda = 1,2$ hell gekennzeichnet sind. Folgende Einflüsse sind zu erkennen:

- Die Erhöhung des Stationäranteils $\lambda_{\text{stat},\dot{\psi}} > 1$ wirkt sich direkt proportional auf die Lenkamplitude des Fahrers aus, sodass der stationäre Lenkwinkelbedarf reduziert wird. Der Faktor des Stationäranteils $\lambda_{\text{stat},\dot{\psi}}$ kann somit die stationäre Gierreaktion des Fahrzeugs beeinflussen, ohne eine Änderung des Phasengangs zu bewirken.
- Eine Verringerung der Nullstellenfrequenz $\lambda_{\dot{\psi}} < 1$ bewirkt ein schnelleres Ansprechen der Gierreaktion, erhöht aber gleichzeitig die Resonanzüberhöhung in der Gierübertragungsfunktion im Bereich der Eigenfrequenz. Der Faktor der Nullstelle $\lambda_{\dot{\psi}}$ ist daher geeignet, das Ansprechen des Fahrzeugs zu beschleunigen. Wird der Faktor jedoch zu klein gewählt, führt dies bei dynamischer Anregung zu einer überhöhten Gierreaktion.
- Durch die Erhöhung der Eigenfrequenz $\lambda_{\omega} > 1$ wird der fahrdynamisch relevante Frequenzbereich erweitert, sodass Lenkbewegungen zu schnelleren und stärkeren Gierreaktionen führen. Gleichzeitig verschiebt sich die Resonanzüberhöhung in der Gierübertragungsfunktion hin zu höheren Frequenzen und ihre Amplitude nimmt zu. Die Wahl des Faktors der Eigenfrequenz λ_{ω} stellt somit einen Kompromiss zwischen einer schnellen Fahrzeugreaktion in einem weiten

Frequenzbereich und einer überhöhten Gierreaktion im Bereich der Resonanzüberhöhung dar.

- Die Erhöhung des Dämpfungsmaßes $\lambda_D > 1$ linearisiert den Amplituden- und Phasenfrequenzgang. Die Resonanzüberhöhung in der Gierübertragungsfunktion wird gedämpft. Die Gierreaktion wird bei Lenkanregung des Fahrers für geringe Frequenzen verzögert und für hohe Frequenzen beschleunigt wiedergegeben. Ein großer Faktor des Dämpfungsmaßes λ_D verringert daher die Gierreaktion des Fahrzeugs, führt aber zu einem trägen Ansprechverhalten des Fahrzeugs.

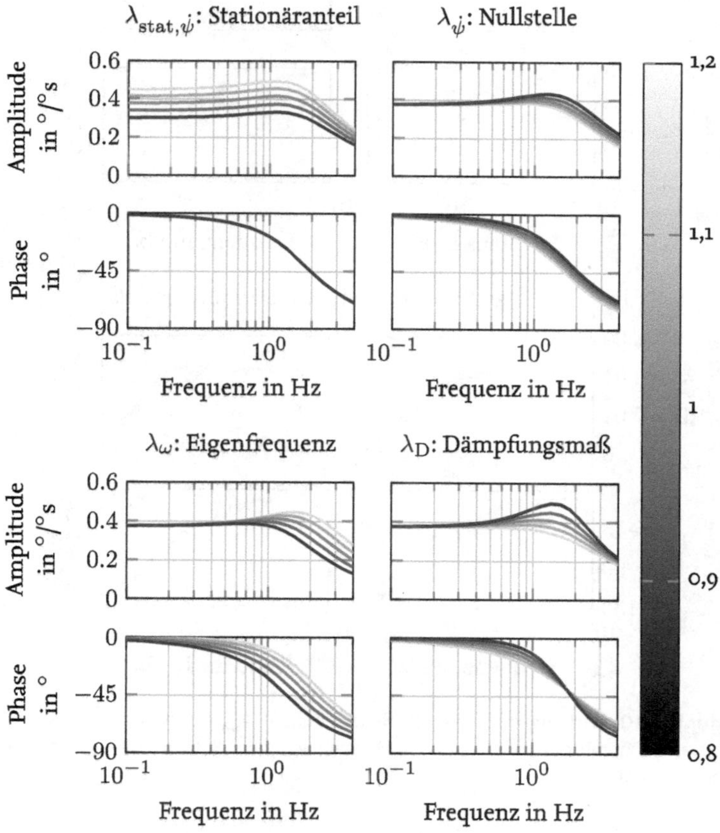

Abbildung 5.9 Wirkung der Faktoren Stationäranteil $\lambda_{stat,\dot{\psi}}$, Nullstelle $\lambda_{\dot{\psi}}$, Eigenfrequenz λ_ω und Dämpfungsmaß λ_D auf den Frequenzgang der Gierübertragungsfunktion

Beeinflussung der Hinterachs-Schwimmwinkelübertragungsfunktion

Abbildung 5.9 stellt die Wirkung der Faktoren des Stationäranteils $\lambda_{\mathrm{stat},\beta\mathrm{h}}$, der Nullstelle $\lambda_{\beta\mathrm{h}}$, der Eigenfrequenz λ_{ω} und des Dämpfungsmaßes λ_{D} auf das Übertragungsverhalten der Hinterachs-Schwimmwinkelübertragungsfunktion bei einer Geschwindigkeit von $v_{\mathrm{x}} = 100$ km/h dar (Abbildung 5.10).

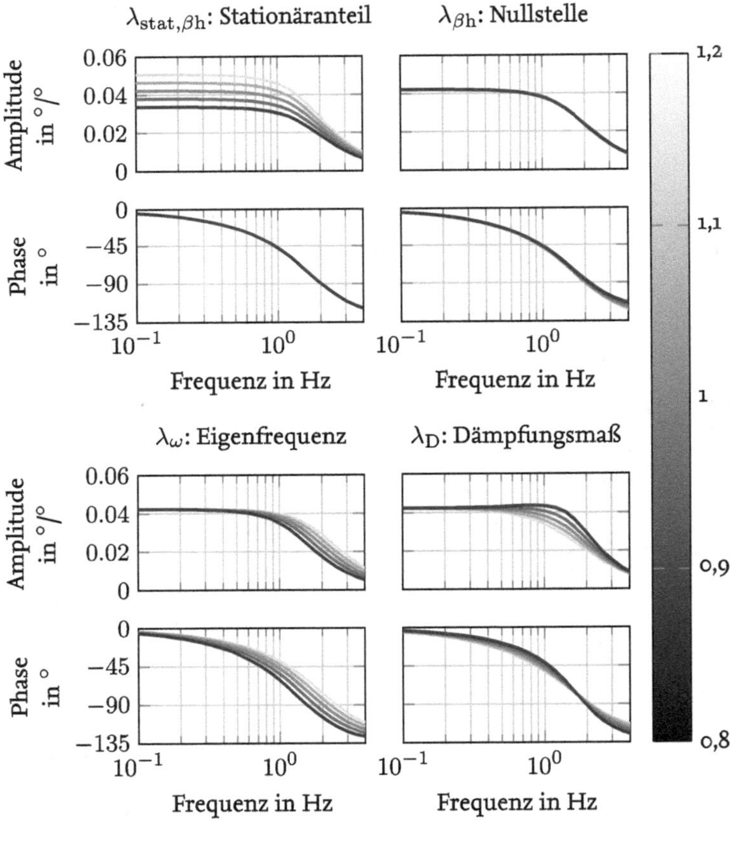

Abbildung 5.10 Wirkung der Faktoren Stationäranteil $\lambda_{\mathrm{stat},\beta\mathrm{h}}$, Nullstelle $\lambda_{\beta\mathrm{h}}$, Eigenfrequenz λ_{ω} und Dämpfungsmaß λ_{D} auf den Frequenzgang der Schwimmwinkelübertragungsfunktion an der Hinterachse

Ausgehend von einem Faktor $\lambda = 1$ variieren die Kurvenscharen in einem Wertebereich zwischen $\lambda \in [0,8,\ 1,2]$, wobei kleine Faktoren $\lambda = 0,8$ dunkel und große Faktoren $\lambda = 1,2$ hell gekennzeichnet sind. Die Faktoren beeinflussen das Übertragungsverhalten der Hinterachs-Schwimmwinkel-Übertragungsfunktion hierbei wie folgt:

- Die Erhöhung des Stationäranteils $\lambda_{\text{stat},\beta\text{h}} > 1$ wirkt sich direkt proportional auf die Lenkamplitude des Fahrers aus, ohne den Phasengang zu beeinflussen. Für den Fahrer wird dadurch der Lenkwinkelbedarf reduziert und die stationäre Schwimmwinkelreaktion an der Hinterachse des Fahrzeugs verstärkt.
- Das Verringern der Nullstelle $\lambda_{\beta\text{h}} < 1$ bei hochfrequenten Lenkanregungen zu einem schnelleren Ansprechverhalten und einer geringen Amplitudenzunahme des Hinterachs-Schwimmwinkels. Der Faktor der Nullstelle $\lambda_{\beta\text{h}}$ kann somit zur Beschleunigung des Ansprechverhaltens der Hinterachse genutzt werden, ohne die Amplitude signifikant zu erhöhen.
- Die Erhöhung der Eigenfrequenz $\lambda_\omega > 1$ erweitert den fahrdynamisch relevanten Frequenzbereich, sodass hochfrequente Lenkanregungen zu einer verstärkten und beschleunigten Reaktion des Hinterachs-Schwimmwinkels bewirken. Der Faktor führt im gewählten Wertebereich jedoch nicht zu einer Resonanzüberhöhung in der Schwimmwinkelübertragungsfunktion an der Hinterachse, da die Frequenz Nullstelle deutlich oberhalb der Eigenfrequenz $z_{\beta\text{h}} >> \omega_\text{e}$ liegt.
- Durch die Erhöhung des Dämpfungsmaßes $\lambda_\text{D} > 1$ wird der Amplituden- und Phasenfrequenzgang der Schwimmwinkelübertragungsfunktion an der Hinterachse linearisiert. Auf die Lenkbewegungen des Fahrers reagiert der Hinterachs-Schwimmwinkel gedämpft sowie bei niederfrequenter Lenkanregung verzögert und bei hochfrequenter Lenkanregung beschleunigt. Mit einem hohen Faktor des Dämpfungsmaßes λ_D kann somit die Schwimmwinkelreaktion reduziert werden, sodass die Hinterachse langsamer und abgeschwächter auf die Lenkbewegungen reagiert.

Beeinflussung der Querbeschleunigungsübertragungsfunktion

Die Gewichtung der Referenz-Gier- und Hinterachsschwimmwinkelübertragungsfunktion beeinflussen auch das Übertragungsverhalten der Querbeschleunigungsübertragungsfunktion $a_{\text{y,ref}}$. Hierbei gilt:

$$\begin{aligned}\frac{a_{\text{y,ref}}}{\delta_{\text{v,sat}}} &= \left(G_{\dot{\psi},\text{ref}}(s) + G_{\beta,\text{ref}}(s)\,s\right) \cdot v_\text{x} \\ &= \frac{\dot{\psi}_{\text{ref,stat}}}{\delta_\text{v}} \cdot \frac{1}{i_\text{L}} \cdot v_\text{x} \cdot \frac{T_{\text{ay2,ref}}s^2 + T_{\text{ay1,ref}}s + 1}{\frac{1}{\lambda_\omega^2\omega_\text{e}^2}s^2 + \frac{2\lambda_\text{D}D}{\lambda_\omega^2\omega_\text{e}^2}s + 1},\end{aligned} \tag{5.23}$$

$$T_{\text{ay1,ref}} = \Lambda_{\text{ay}} \cdot \frac{\beta_{\text{stat}}}{\dot{\psi}_{\text{stat}}} + \frac{1}{\lambda_{\dot{\psi}} z_{\dot{\psi}}} \text{ mit } \Lambda_{\text{ay}} = \frac{\lambda_{\text{stat},\beta\text{h}}}{\lambda_{\text{stat},\dot{\psi}}} \cdot \frac{\frac{1}{\lambda_{\beta\text{h}} z_{\beta\text{h}}} s + 1}{\frac{1}{z_{\beta\text{h}}} s + 1}, \tag{5.24}$$

$$T_{\text{ay2,ref}} = \Lambda_{\text{ay}} \cdot \frac{\beta_{\text{stat}}}{\dot{\psi}_{\text{stat}}} \cdot \frac{1}{z_{\beta}}. \tag{5.25}$$

Die Zeitkonstanten $T_{\text{ay2,ref}}$ und $T_{\text{ay1,ref}}$ stehen in Abhängigkeit zu den Stationänteilen und Nullstellenfrequenzen der Gier- und Schwimmwinkelübertragungsfunktion, dessen Wirkung die Abbildungen 5.11 und 5.12 darstellen.

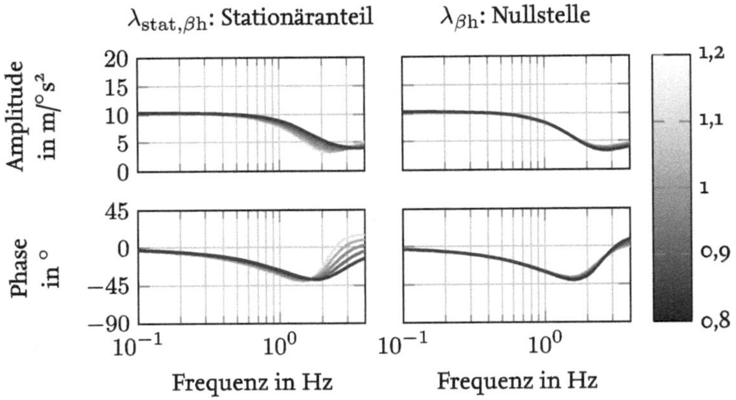

Abbildung 5.11 Wirkung der Faktoren Stationäranteil $\lambda_{\text{stat},\beta\text{h}}$ und Nullstelle $\lambda_{\beta\text{h}}$ auf den Frequenzgang der Querbeschleunigungsübertragungsfunktion

- Eine Erhöhung des Stationäranteils des Schwimmwinkels an der Hinterachse $\lambda_{\text{stat},\beta\text{h}} > 1$ führt bei niederfrequenter Lenkanregung zu einer Verzögerung der Querbeschleunigungsreaktion und bei hochfrequenter Lenkanregung zu einer Verstärkung der Querbeschleunigungsreaktion.
- Das Verringern der Nullstelle des Schwimmwinkels an der Hinterachse $\lambda_{\beta\text{h}} < 1$ bewirkt eine Dämpfung der Querbeschleunigungsreaktion bei hochfrequenter Lenkanregung.

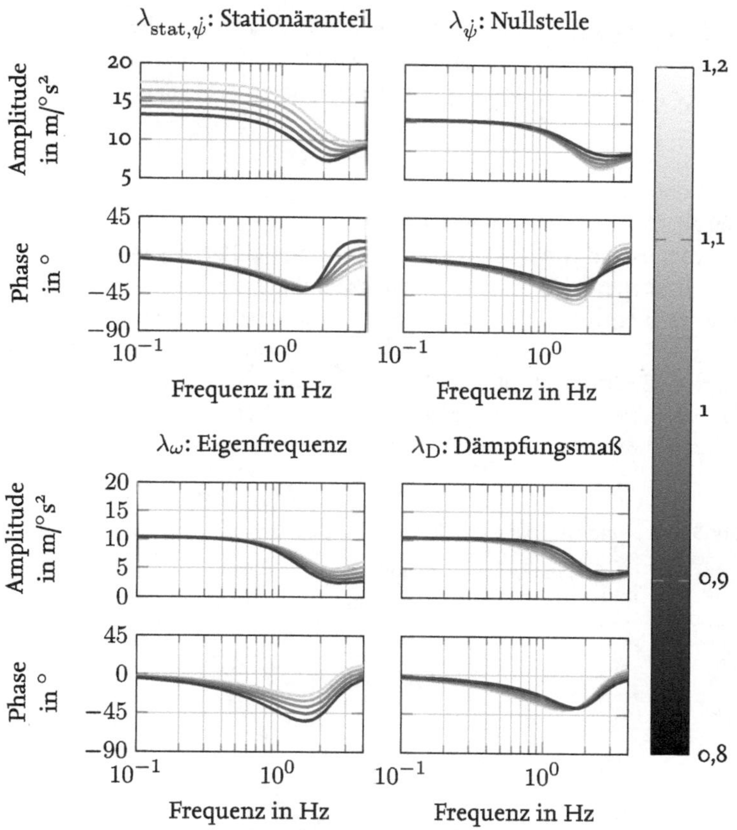

Abbildung 5.12 Wirkung der Faktoren Stationäranteil $\lambda_{\mathrm{stat},\dot\psi}$, Nullstelle $\lambda_{\dot\psi}$, Eigenfrequenz λ_ω und Dämpfungsmaß λ_D auf den Frequenzgang der Querbeschleunigungsübertragungsfunktion

- Eine Erhöhung des Stationäranteils der Gierrate $\lambda_{\mathrm{stat},\dot\psi} > 1$ wirkt sich direkt proportional auf die stationäre Querbeschleunigung aus.
- Das Verringern der Nullstelle der Gierrate $\lambda_{\dot\psi} < 1$ führt zu einer Verstärkung sowie bei niederfrequenter Lenkanregung zu einer Beschleunigung und bei hochfrequenter Lenkanregung zu einer Verzögerung der Querbeschleunigungsreaktion.
- Die Erhöhung der Eigenfrequenz $\lambda_\omega > 1$ führt bei hochfrequenter Anregung zu einer beschleunigten und verstärkten Reaktion der Querbeschleunigung.

- Die Erhöhung des Dämpfungsmaßes $\lambda_D > 1$ schwächt die Querbeschleunigungsreaktion ab. Ihre Systemantwort wird bei niederfrequenter Lenkanregung verzögert und bei hochfrequenter Lenkanregung beschleunigt.

Zusammenfassung
Die Tabelle 5.1 fasst den Einfluss der Faktoren auf das fahrdynamische Verhalten der Vorder- und Hinterachse im Amplituden- und Phasengang zusammen. Der Fahrzeughersteller hat somit die Möglichkeit, durch gezielte Auswahl der Faktoren seine markenspezifischen Fahreigenschaften in das Referenzmodell einzubringen und das Wunschfahrverhalten abzubilden. Die Auslegung des Referenzmodells erfolgt in der Fahrzeugabstimmung, in welcher der Fahrzeugabstimmer die Faktoren im Fahrversuch beliebig appliziert. Im Folgenden werden die Auswirkungen einer Parametrierung auf das Fahrverhalten im Fahrversuch untersucht.

Tabelle 5.1 Zusammenfassung der Beeinflussung des dynamischen Fahrverhaltens

	Amplitude Vorderachse	Amplitude Hinterachse	Phase Vorderachse	Phase Hinterachse
$\lambda_{\text{stat},\dot{\psi}}$	+	+	−	−
$\lambda_{\dot{\psi}}$	+	o	+	o
$\lambda_{\text{stat},\beta\text{h}}$	−	+	−	o
$\lambda_{\beta\text{h}}$	−	−	−	o
λ_{ω}	+	+	+	+
λ_{D}	+	+	+	+

5.2.3 Auswirkung der Parametrierung

In diesem Teilabschnitt erfolgt eine Parametrierung und Objektivierung des Referenzmodells, also des dynamischen und stationären Wunschfahrverhaltens, im Fahrversuch. Zunächst wird das Fahrmanöver DIN ISO 4138 [ISO89] ausgewertet, welches das stationäre Fahrverhalten objektiviert. Hierfür erhöht der Fahrer bei quasistationärer Kreisfahrt auf einer konstanten Kreisbahn $\rho = 30$ m mit geringer Längsbeschleunigung $a_{\text{x}} \leq 0,5$ m/s^2 die Geschwindigkeit und bestimmt nach DIN ISO 7401 [ISO13] die Eigenlenkcharakteristik des Fahrzeugs. Abbildung 5.13 stellt den erforderlichen Lenkwinkelbedarf in Abhängigkeit zur Querbeschleunigung bei Parametrierung des Faktors $\lambda_{\text{stat},\dot{\psi}} \in \{0,9\,,\ 1\,,\ 1,1\}$ dar. Mit $\lambda_{\text{stat},\dot{\psi}} = 1$

ergibt sich für das Grundfahrverhalten eine untersteuernde Eigenlenkcharakteristik. Das Erhöhen und Verringern des Faktors führt zu den erwarteten Ergebnissen. Mit $\lambda_{\text{stat},\dot{\psi}} = 0,9$ wird die Untersteuertendenz verstärkt, sodass der Fahrer mit einem erhöhten Lenkradwinkelbedarf reagieren muss, um die gewünschte Trajektorie zu halten. Mit $\lambda_{\text{stat},\dot{\psi}} = 1,1$ erfolgt eine Agilisierung des Fahrzeugs, wobei ein geringerer Eigenlenkgradient und eine höhere maximale Querbeschleunigung ermöglicht werden.

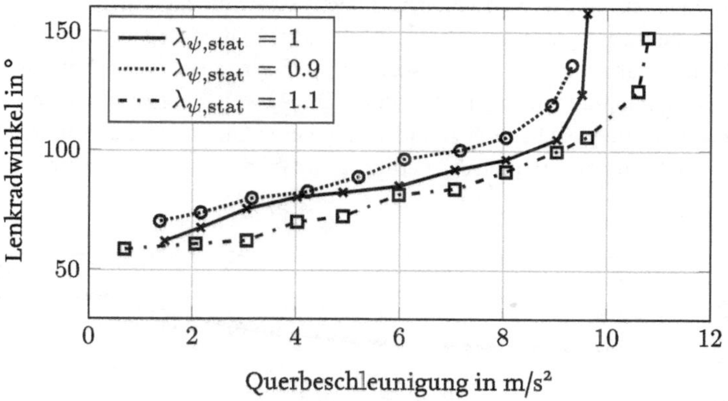

Abbildung 5.13 Messergebnis der Eigenlenkcharakteristik bei quasistationärer Kreisfahrt mit $\rho = 30$ m und $a_x \leq 0,5\,\text{m/s}^2$. Mit $\lambda_{\text{stat},\dot{\psi}} = 1$ ergibt sich eine untersteuernde Charakteristik, welche bei Verringerung des Faktors verstärkt und bei Erhöhung des Faktors abgeschwächt wird

Zur Objektivierung des dynamischen Wunschfahrverhaltens erfolgt eine Lenkanregung des fahrdynamisch relevanten Frequenzbereiches $f \in [0, 1, 1, 5]$ Hz der Gierübertragungsfunktion mit einem Sinus steigender Frequenz nach DIN ISO 7401 [ISO84]. Hierfür wird das Fahrzeug mit einem Lenkwinkelroboter ausgerüstet, welcher bei konstanter Geschwindigkeit $v_x = 100$ km/h die Lenkradwinkelfrequenz im gewünschten Frequenzband kontinuierlich erhöht und dabei die Lenkradwinkelamplituden konstant hält. Die Auswertung erfolgt mit Hilfe des vom Deutschen Zentrum für Luft- und Raumfahrt entwickelten Tools FitLab [SW16], welches in MATLAB die Parameter des linearen Einspurmodells in zwei Schritten identifiziert. Zunächst werden die Messdaten mit Hilfe der Chrip-Z-Transformation von Oppenheim [OSB92] aus dem Zeitbereich in den Zeitdiskreten Bereich transformiert und anschließend wird der Frequenzgang nach den Methoden von Marchand [MK85] und Tischler [TR12] berechnet. Hierbei werden die Fahrzeugmasse, seine

Schwerpunktlage und der Radstand vor der Messung erfasst, sodass die Identifikation ausschließlich anhand der Schräglaufsteifigkeiten an Vorder- und Hinterachse sowie des Gierträgheitsmomentes erfolgt.

Das Wunschfahrverhalten wird in der Identifikation über eine Beispielapplikation mit den Faktoren des Stationäranteils $\lambda_{\text{stat},\dot{\psi}}$, der Nullstelle $\lambda_{\dot{\psi}}$, der Eigenfrequenz λ_{ω} und des Dämpfungsmaßes λ_{D} vorgegeben. Der Fahrversuch wird anschließend mit deaktiviertem Regelsystem, zur Darstellung des Grundfahverhaltens, und mit aktiviertem Regelsystem durchgeführt. Abbildung 5.14 zeigt den dabei berechneten Frequenzgang des Wunschfahrverhaltens sowie die identifizierten Frequenzgänge des Fahrzeugs der Gierübertragungsfunktion. Ohne Regelsystem weicht das Grundfahrverhalten des Fahrzeugs stationär und dynamisch vom Wunschfahrverhalten ab. Im Amplitudengang ist eine konstante Abweichung zu erkennen, die über den gesamten Frequenzbereich zu einer geringeren Gierverstärkung führt. Außerdem ist das Ansprechverhalten des Fahrzeugs im fahrdynamisch relevanten Bereich

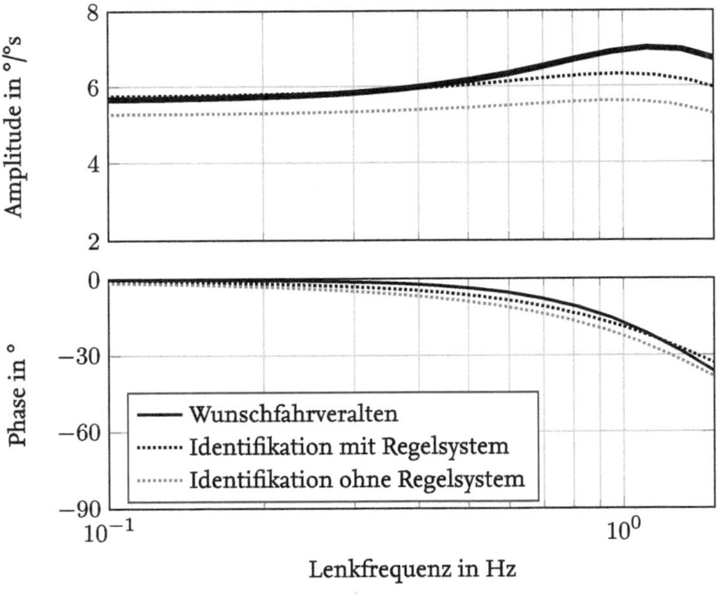

Abbildung 5.14 Berechneter Frequenzgang des Wunschfahrverhaltens und identifizierte Frequenzgänge des Fahrzeugs mit deaktivierten und aktivierten Regelsystemen der Gierübertragungsfunktion bei einer Geschwindigkeit von $v_{\text{x}} = 100$ km/h und einem Sinus steigender Frequenz zwischen $f \in [0,1,\ 1,5]$ Hz. Die Aktivierung des Regelsystems bewirkt eine Annäherung des Frequenzgangs an das Wunschfahrverhalten

zu träge. Die Aktivierung des Regelsystems verbessert das Ergebnis. Im Amplitudengang wird die Gierverstärkung stationär genau zum Wunschfahrverhalten und eine geringere Abweichung zur Resonanzüberhöhung identifiziert. Im Phasengang wird die Gierreaktion über den gesamten Frequenzbereich beschleunigt.

Die zu geringe Stellkraft des Aktors reicht jedoch nicht aus, um dem Wunschfahrverhalten vollständig zu folgen. Die Anforderungen an das Differenzmoment wurden zu gering gewählt. Dies führt zu der Problematik, dass die Parametrierung seitens des Fahrzeugherstellers zum Ende des Entwicklungszyklus in der Fahrzeugabstimmung erfolgt. Die Anforderungserhebung erfordert jedoch ein Wunschfahrverhalten und damit ein parametriertes Referenzmodell zu Beginn des Entwicklungszyklus. In dieser Arbeit wird daher eine virtuelle Parametrierung des Wunschverhaltens berechnet, welche Abschnitt 5.3 ausführt.

5.3 Berechnung des Wunschfahrverhaltens

Das Wunschfahrverhalten wird in einem Referenzmodell abgebildet, welches die Fahrzeughersteller mit ihren markenspezifischen Fahreigenschaften in der Abstimmung am Ende des Entwicklungszyklus applizieren. In diesem Abschnitt wird eine Parametrierung des Referenzmodells auf Basis eines Datensatzes vergangener Abstimmungen berechnet, welcher durch die Identifikation und Objektivierung von 20 Fahrzeugen mit jeweils ein- und ausgeschaltetem Regelsystem erhoben wurde. Die virtuelle Parametrierung soll das Wunschfahrverhalten näherungsweise abbilden, sodass zu Beginn des Entwicklungszyklus eine Anforderungserhebung durchgeführt werden kann. Hierfür sind zwei Schritte notwendig:

- In Teilabschnitt 5.3.1 werden zunächst objektive Kenngrößen für das Wunschfahrverhalten definiert und aus dem Datensatz vergangener Abstimmungen gruppiert.
- Anschließend erfolgt in Teilabschnitt 5.3.2 mit Hilfe des Datensatzes und eines Algorithmes die Berechnung der virtuellen Parametrierung.

5.3.1 Kenngrößen des Wunschfahrverhaltens

Die objektiven Kenngrößen des Wunschfahrverhaltens resultieren aus dem Übertragungsverhalten der Zustandsgrößen zur Beschreibung der Bewegung des Fahrzeugs um die Vertikalachse und sind in Abbildung 5.15 skizziert. Als Eingangssignal dient die Lenkbewegung des Fahrers. Als Zustandsgrößen werden die Gierrate, die Querbeschleunigung und der Schwimmwinkel an der Hinterachse in Abhängigkeit von ihrem Amplitudenverhalten und der Verzugszeit erfasst. Das Amplitudenverhalten berechnet die Verstärkung einer Zustandsgröße in Bezug auf die Eingangsgröße. Dabei werden die Kenngrößen der stationären Verstärkung, der Überschwingweite und der Frequenz des Maximums bestimmt, wobei die stationäre Verstärkung bei einer niederfrequenten Lenkanregung $f = 0,2\,\text{Hz}$ nach Abbildung 5.6 ausgewertet und die Überschwingweite als Quotient aus dem Maximum der Resonanzüberhöhung und der stationären Verstärkung berechnet wird. Die Verzugszeit ΔT gibt den zeitlichen Abstand zwischen Anregung und Reaktion an und ergibt sich aus der Phasenlage ϕ und der Frequenz f:

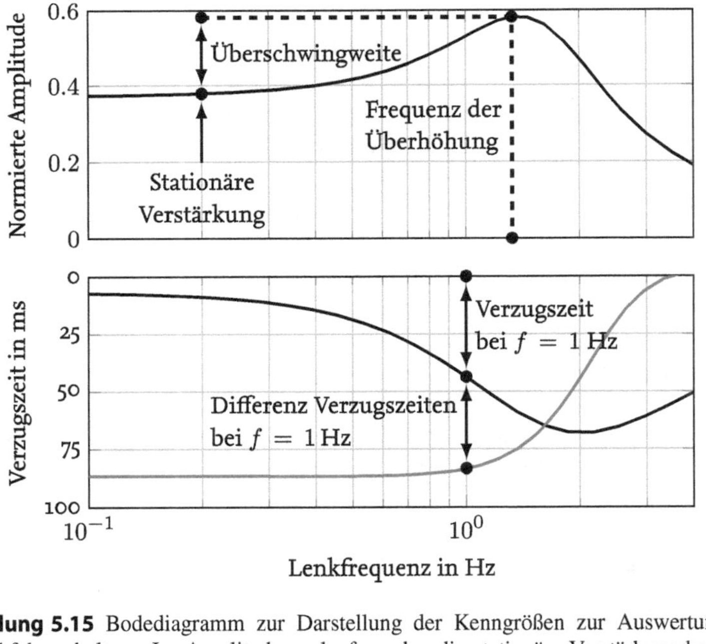

Abbildung 5.15 Bodediagramm zur Darstellung der Kenngrößen zur Auswertung des Wunschfahrverhaltens. Im Amplitudenverlauf werden die stationäre Verstärkung bei $f = 0,2$ Hz, die Überschwingweite (der Quotient aus dem Maximum der Resonanzüberhöhung gegenüber der stationären Verstärkung) und die Frequenz der Resonanzüberhöhung und im Phasengang die Verzugszeiten der Zustandsgrößen sowie ihre Differenz untereinander ausgewertet

$$\Delta T = \frac{\phi}{360} \cdot \frac{1}{f} . \tag{5.26}$$

Die Berechnung der Verzugszeit erfolgt sowohl für die Reaktion einer Zustandsgröße auf die Lenkbewegung als auch zwischen zwei Zustandsgrößen bei gleicher Anregung. Die Verzugszeit der Gierrate wird der Reaktion der Vorderachse und die Verzugszeiten der Querbeschleunigung und des Schwimmwinkels an der Hinterachse der Reaktion der Hinterachse zugeordnet. Die Differenz zwischen ihnen entspricht somit der Zweiphasigkeit der Fahrzeugbewegung, also der Differenz zwischen der Reaktion der Vorderachse und der Reaktion der Hinterachse bei Lenkanregung durch den Fahrer. Die Kenngrößen werden dazu bei der Stützstelle $f = 1$ Hz ausgewertet, da sie gemäß Abbildung 5.6 das Leistungsspektrum einer dynamischen Lenkanregung begrenzt.

Die Auswertung der Objektivierung aus dem Datensatz von 20 Fahrzeugen zeigt Abbildung 5.16, wobei zwischen dem Grundfah rverhalten mit deaktiviertem Regelsystem und dem Wunschfahrverhalten mit aktiviertem Regelsystem unterschieden wird. Es sind die Überschwingweiten der Gierrate und der Querbeschleunigung, die Frequenzstützstellen ihrer Resonanzüberhöhungen, ihre Verzugszeiten und die Differenz der Verzugszeiten Gierrate zu Querbeschleunigung $\dot{\psi} - a_{\mathrm{y}}$ und Querbeschleunigung zu Schwimmwinkel an der Hinterachse , $a_{\mathrm{y}} - \beta_{\mathrm{h}}$ in Abhängigkeit von der Geschwindigkeit aufgetragen. Die Überschwingweiten der Gierrate und der Querbeschleunigung steigen mit zunehmender Geschwindigkeit streng monoton an. Daraus ergibt sich, dass die Steigung der Überschwingweite der Gierrate und der Querbeschleunigung des Wunschfahrverhaltens größer ist als die Steigung des Grundfahrverhaltens. Durch diesen Einfluss wird die Verstärkung der Resonanzüberhöhungen erhöht und die Frequenzstützstelle der Überhöhungen in den hochfrequenten Bereich verschoben. Es ergibt sich jedoch als Kompromiss eine deutliche Reduzierung der Verzugszeiten aller Zustandsgrößen für das Wunschfahrverhalten. Auch die Differenz der Verzugszeiten zwischen Gierrate und Querbeschleunigung sowie zwischen Querbeschleunigung und Schwimmwinkel an der Hinterachse wird verringert. Dadurch wird die Zweiphasigkeit reduziert und das Anlenkuntersteuern im Wunschfahrverhalten unterdrückt. Der Verlauf der Differenz der Verzugszeit zwischen Querbeschleunigung und Schwimmwinkel an der Hinterachse ist zudem gegenläufig. Die Gradienten der Verzugszeiten sind somit näher beieinander, wodurch die Charakteristiken zwischen den Zustandsgrößen harmonisiert werden.

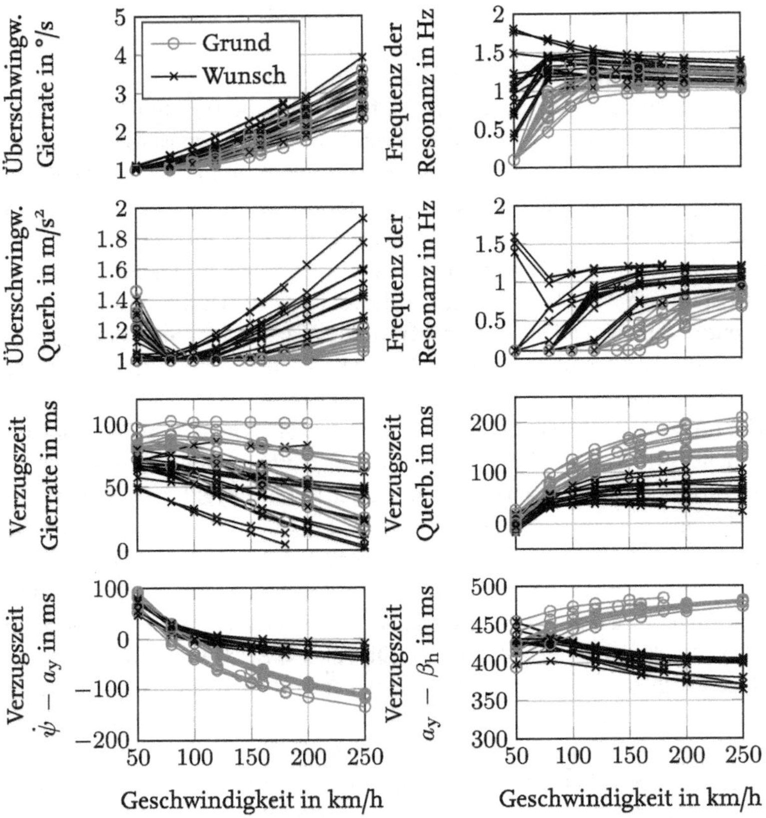

Abbildung 5.16 Identifikation objektiver Kenngrößen zur Auswertung des Wunschfahrverhaltens aus einem Datensatz von 20 Fahrzeugen. Es sind die Überschwingweiten der Gierrate und der Querbeschleunigung, die Frequenzstützstellen ihrer Resonanzüberhöhungen, ihre Verzugszeiten und die Differenz der Verzugszeiten Gierrate zu Querbeschleunigung $\dot{\psi} - a_y$ und Querbeschleunigung zu Schwimmwinkel an der Hinterachse $a_y - \beta_h$ in Abhängigkeit zur Geschwindigkeit dargestellt. Das Wunschfahrverhalten charakterisiert einen stabilen Amplitudenverlauf mit einer Überschwingweite bei hoher Frequenz und geringe Verzugszeiten

Für die 20 identifizierten Fahrzeuge ergibt sich zusammenfassend ein Wunschfahrverhalten, welches für die Zustandsgrößen einen stabilen Amplitudenverlauf mit erhöhter Überschwingweite und geringen Verzugszeiten bevorzugt. Für den Fahrer führt dieser Zusammenhang zu einer linearen Fahrzeugreaktion, da die Anregung der Zustandsgrößen in einem äquivalenten Abstand zueinander verzögert und der Regelaufwand verringert wird. Mit Hilfe des Datensatzes erfolgt im nächsten Teilabschnitt die Berechnung der virtuellen Parametrierung.

5.3.2 Virtuelle Parametrierung des Wunschfahrverhaltens

In diesem Teilabschnitt erfolgt die Berechnung einer virtuellen Parametrierung des Referenzmodells für ein Neufahrzeug auf Basis vergangener Parametrierungen des Wunschfahrverhaltens. Als Grundlage werden hierfür die Methoden des maschinellen Lernens genutzt. Beim maschinellen Lernen wird ein Modell mit gegebenen Daten trainiert, um aus ihnen wiederkehrende Muster oder Verhaltensweisen zu lernen. Im Rahmen dieser Arbeit wird ein lineares Regressionsmodell verwendet, welches abhängige Variablen durch mehrere unabhängige Variablen beschreibt. Als abhängige Variablen dienen die zur Beschreibung des Übertragungsverhaltens von Gier- und Hinterachs-Schwimmwinkelübertragungsfunktion notwendigen Fahrzeugparameter Fahrzeugmasse m, Radstand l, Schwerpunktlage l_v/l, Gierträgheitsmoment J_z sowie die Schräglaufsteifigkeit der Vorderachse $c_{\alpha\mathrm{v}}$ und der Hinterachse $c_{\alpha\mathrm{h}}$. Weiterhin wird zur Unterscheidung von front-, heck- und allradgetriebenen Fahrzeugen die Antriebsstrangtopologie sowie deren Antriebsleistung ergänzt. Als abhängige Variablen werden Faktoren zur Berechnung des Referenzmodells ($\lambda_{\mathrm{stat},\dot{\psi}}$, $\lambda_{\dot{\psi}}$, $\lambda_{\mathrm{stat},\beta\mathrm{h}}$, $\lambda_{\beta\mathrm{h}}$, λ_ω, λ_D) verwendet. Für alle Kombinationen bestehend aus den insgesamt acht abhängigen und sechs unabhängigen Variablen werden Polynomfunktionen berechnet und auf Basis der vergangenen 20 Fahrzeugabstimmungen trainiert. Als Eingangsgröße in das Regressionsmodell dienen die Fahrzeugparameter eines Neufahrzeugs. Ein neu berechneter Faktor λ_{neu} der Parametrierung ergibt sich je Fahrzeugparameter aus den Faktoren vergangener Fahrzeugabstimmungen $\lambda_{\mathrm{alt,i}}$ multipliziert mit den abhängigen Gewichten w_i:

$$\lambda_\mathrm{neu} = \sum_{i=1}^{8} \lambda_{\mathrm{alt,i}}\, w_\mathrm{i}\,. \tag{5.27}$$

Die Vorgehensweise veranschaulicht Abbildung 5.17 für einen ausgewählten Faktor. Der Algorithmus sortiert zunächst die aus vergangenen Fahrzeugabstimmungen

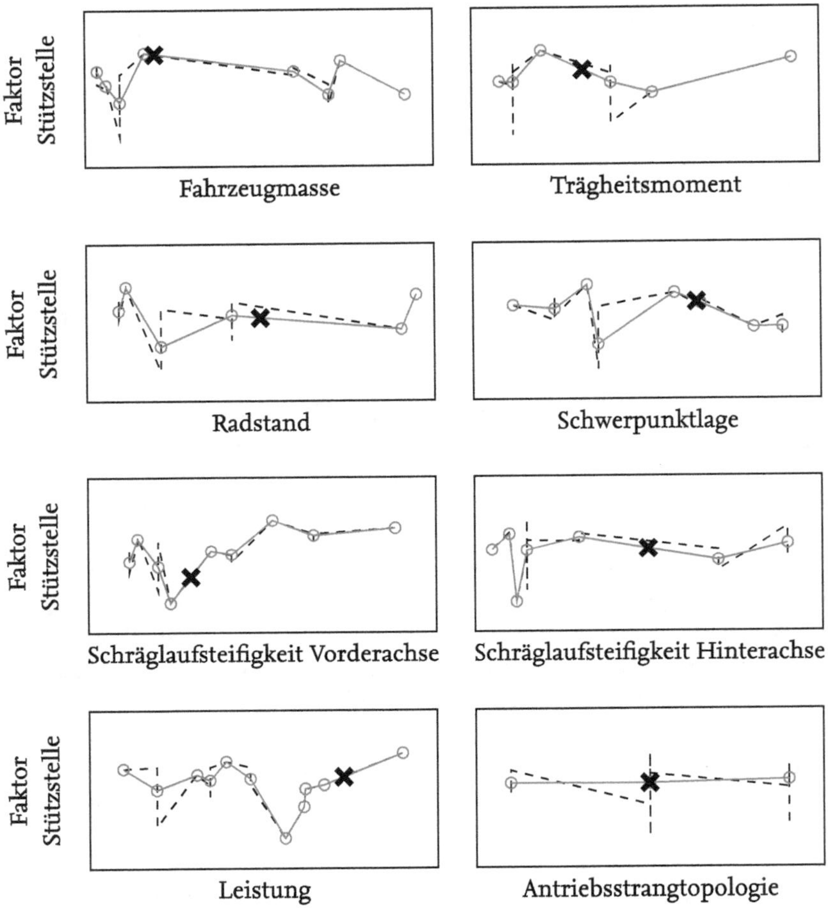

Abbildung 5.17 Berechnung der Stützstelle eines Faktors zur Berechnung des Referenzmodells eines Neufahrzeugs. Der Algorithmus sortiert bereits applizierte Faktoren (schwarz gestrichelt), mittelt identische Faktoren und interpoliert zwischen zwei benachbarten Stützstellen (hell durchgezogen) und sucht bei Eingabe der Fahrzeugparameter eines Neufahrzeugs die passenden Sützstellen (mit Kreuz markiert)

bekannten Faktoren λ_{alt} für jeden Fahrzeugparameter (schwarz gestrichelt). Besitzt ein Fahrzeugparameter identische Faktor-Stützstellen, wird zwischen diesen gemittelt und anschließend zwischen zwei benachbarten Stützstellen interpoliert (hell durchgezogen). Bei der Eingabe der Fahrzeugparameter des Neufahrzeugs werden die passenden Faktor-Stützstellen in der Interpolationsfunktion gesucht (mit Kreuz markiert).

Der berechnete Faktor des Neufahrzeugs λ_{neu} ergibt sich aus der Summe aller Faktor-Stützstellen $\lambda_{\text{alt,i}}$ nach anschließender Gewichtung mit w_{i}, deren Training aus dem Datensatz der bestehenden Fahrzeugabstimmung erfolgt. Die Gewichte sind dabei nach der Methode der kleinsten Quadrate optimiert, sodass der resultierende Fehler zwischen vorhandener Fahrzeugabstimmung und virtueller Parametrierung minimiert wird.

$$\begin{aligned} &\min_{w} \; ||\lambda_{\text{neu}} - \lambda_{\text{alt}}||_2^2 \\ &\text{u.d.N.} \; w_{\text{i}} \in [0, 1] \\ &\sum_{i=1}^{8} w_{\text{i}} = 1 \end{aligned} \tag{5.28}$$

Um diesen Ansatz zu verifizieren, berechnet der Algorithmus für jedes Fahrzeug die Faktoren der Parametrierung auf Basis der verbleibenden 19 Fahrzeuge und vergleicht diese mit der bekannten Fahrzeugabstimmung. Das Ergebnis zeigt Abbildung 5.18 bei Geschwindigkeiten zwischen $50 \leq v_{\text{x}} \leq 250$ km/h. In den linken Abbildungen sind die Stützstellen der bereits parametrierten Faktoren dunkel und die Stützstellen der neu berechneten Faktoren der virtuellen Parametrierung hell dargestellt. In den rechten Abbildungen sind ihre prozentuale Abweichungen berechnet, wobei ein maximaler relativer Fehler $\epsilon \leq 10$ % zwischen der bekannten Fahrzeugabstimmung und Parametrierung zu erkennen ist. Die größten Abweichungen ergeben sich bei den Faktoren der Parametrierung für die Nullstelle der Gierrate, die Nullstelle des Schwimmwinkels an der Hinterachse und des Dämpfungsmaßes, die am weitesten vom Grundfahrverhalten abweichen. Um diese Parametrierung gesondert zu berücksichtigen, wird in Gleichung 5.27 ein weiteres, vom Fahrzeughersteller frei wählbares, Gewicht eingeführt, welches zwischen den Fahrzeugabstimmungen priorisiert. Abbildung 5.19 stellt die hierbei zustandekommende Spreizung exemplarisch für den Stationäranteil und die Nullstelle der Schwimmwinkelübertragungsfunktion an der Hinterachse in gestrichelt schwarz dar. Durch eine Erhöhung des zusätzlichen Gewichts entfernt sich das Wunschfahrverhalten von dem Grundfahrverhalten. Der Fahrzeughersteller erhält somit die Möglichkeit,

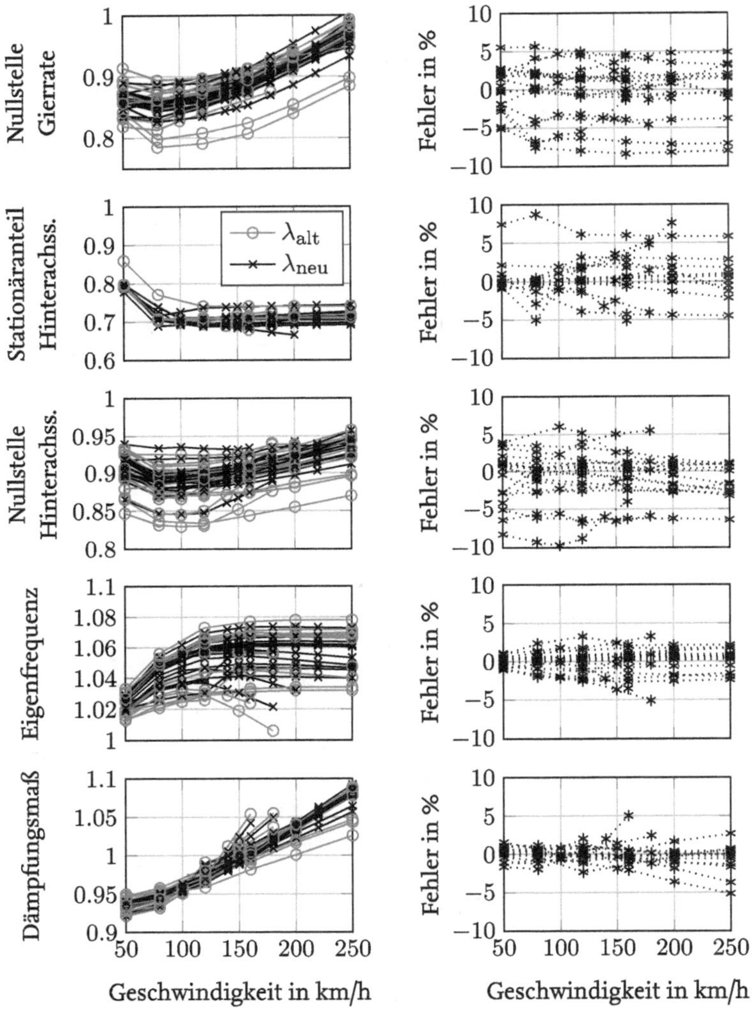

Abbildung 5.18 Vergleich zwischen den Faktoren vergangener Fahrzeugabstimmungen und der virtuellen Parametrierung. In der linken Abbildung werden die Faktoren der Fahrzeugabstimmung λ_{alt} (dunkel) mit der Parametrierung λ_{neu} (hell) verglichen. In der rechten Abbildung ist ihr relativer Fehler ausgewertet

die berechnete virtuelle Parametrierung innerhalb der Spreizung in Abhängigkeit von dem ihm bekannten Neufahrzeug zu wählen.

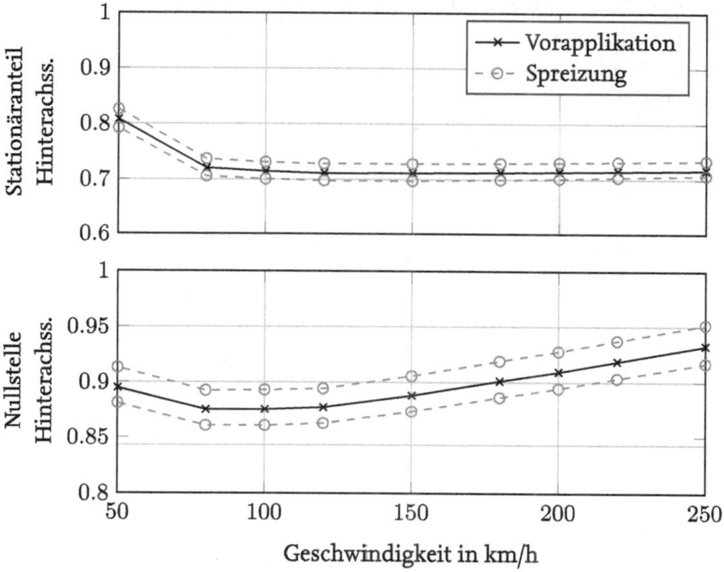

Abbildung 5.19 Berechnung der Spreizung des Wunschfahrverhaltens in der Parametrierung am Beispiel der Schwimmwinkelübertragungsfunktion. Der Fahrzeughersteller kann das Wunschfahverhalten je nach Neufahrzeug an das Grundfahrverhalten annähern oder davon entfernen

5.4 Zusammenfassung der Ergebnisse

Dieses Kapitel stellte eine Methode zur Erhebung der Anforderungen für TV-Systemen vor, die auf einem Vergleich zwischen dem Wunschfahrverhalten und dem Grundfahrverhalten eines Fahrzeugs basiert. Zur Abbildung des Wunschfahrverhaltens wurde der Modellfolgeregelkreis eingeführt, der zunächst in einem Referenzmodell die Wunsch- bzw. Referenzgröße berechnet und anschließend in einer Vorsteuerung und einem Regler den erforderlichen Stelleingriff berechnet. Ziel war es daher, das Referenzmodell zur Abbildung des Wunschfahrverhaltens zu verwenden und mit einem Fahrzeugmodell zur Abbildung des Grundfahrverhaltens zu vergleichen, um die Anforderungen an die TV-Systeme zu ermitteln. Dazu wurde zunächst die Auswirkungen einer Parametrierung des Referenzmodells im Fahrversuch untersucht. Abschließend erfolgte die Berechnung einer virtuellen Parametrierung mit Hilfe eines Datensatzes vergangener Abstimmungen von Referenzmodellen und eines maschinellen Lernalgorithmus für ein Neufahrzeug.

Im folgenden Kapitel 6 wird die Anwendung der Methodik zur Berechnung des erforderlichen Differenzmoments für TV-Systeme am Beispiel von zwei Fahrertypen beschrieben.

6 Anwendung der Methodik

Die Anwendung der Methodik zur Erhebung der Anforderungen an TV-Systeme ergibt sich aus den Schritten des Flussdiagramms in Abbildung 6.1. Als Eingangsgröße gibt der Fahrzeughersteller den im Abschnitt 6.1 beschriebenen Arbeitsraum des Zielfahrzeugs vor. Daraus resultiert die Anforderungserhebung, welche im Abschnitt 6.2 in Längs- und Querdynamik unterteilt wird. Als Ergebnis erfolgt die Berechnung des Lastkollektivs eines TV-Systems in Abschnitt 6.3.

6.1 Der Arbeitsraum des Zielfahrzeugs

Als Eingangsgrößen für die Berechnung des Lastkollektivs dienen die Lenkwinkelamplituden δ_{v}, die Längs- und Querbeschleunigungen a_{x} und a_{y} sowie die Geschwindigkeit v_{x}. Sie stellen somit den Arbeitsraum des Zielfahrzeugs zur Anwendung der Methodik dar. Zunächst soll auf die Lenkwinkelamplituden eingegangen werden, deren Häufigkeit Breuer [Bre98] im „Elchtest" für die Mercedes A-Klasse im Jahre 1998 mit einem Box-Plot in Abbildung 6.2 ausgewertet hat. Es ist zu erkennen, dass die Lenkwinkelamplitude mit zunehmender Geschwindigkeit abnimmt. Dies ist auf die Möglichkeit zurückzuführen, bei niedrigen Geschwindigkeiten enge Kurvenradien zu durchfahren, die eine größere Lenkamplitude erfordern. Die Quantile der Box-Plots können mit den berechneten Kurvenverläufen der Lenkwinkelamplituden für das Zielfahrzeug bei einer stationär wirkenden Querbeschleunigung von $a_{\mathrm{y}} = 5\ \mathrm{m/s^2}$ und $a_{\mathrm{y}} = 10\ \mathrm{m/s^2}$ angenähert werden. Sie werden in den folgenden Abschnitten weiter verwendet.

N. Gruner, *Konzeptentwicklung einer Methodik zur Anforderungserhebung für Torque Vectoring Systeme in Elektrofahrzeugen*, AutoUni – Schriftenreihe 178,
https://doi.org/10.1007/978-3-658-49168-0_6

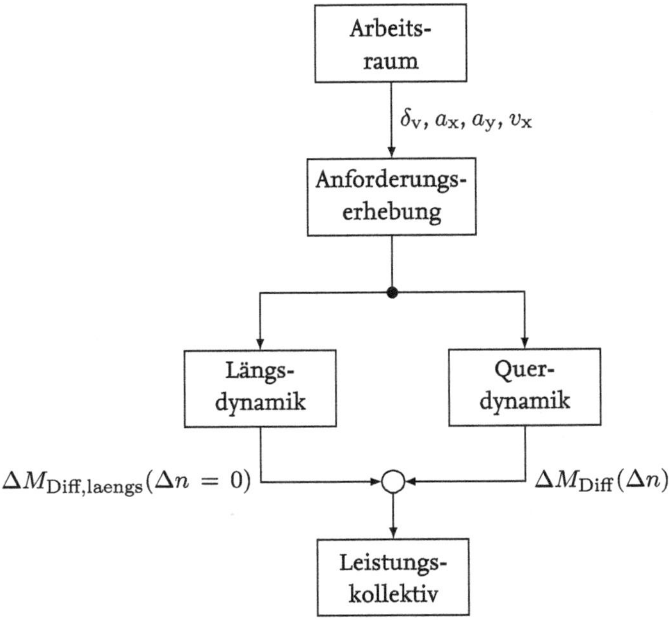

Abbildung 6.1 Flussdiagramm zur Anwendung der Methodik. Aus dem zu erwartenden Arbeitsraum des Zielfahrzeugs werden die Anforderungen der Längs- und Querdynamik erhoben. Mit ihnen erfolgt die Berechnung der Lastkollektive für TV-Systeme

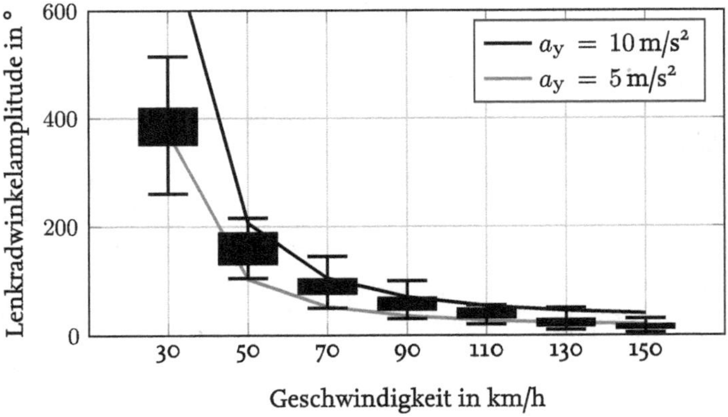

Abbildung 6.2 Vergleich zwischen Messung und Berechnung der Lenkradwinkelamplitude in Abhängigkeit zur Geschwindigkeit nach Breuer [Bre98]

Die Längs- und Querbeschleunigungen im Arbeitsraum eines Fahrzeugs werden von Janssen [Jan07] in der 3F-Methode in die drei Fahrprofile „Schonend', „Mittel' und „Sportlich' unterteilt. Abbildung 6.3 zeigt die Fahrprofile in Abhängigkeit von Längs- und Querbeschleunigung. Die Fahrprofile „Schonend" und „Durchschnittlich" nutzen nur einen Teil des Reifenkraftpotentials aus und stellen den Großteil der Fahrer dar. So misst Fuchs [Fuc93] in seinen Untersuchungen, dass 95 % der im Alltag wirkenden Querbeschleunigungen $a_y < 3,6$ m/s^2 betragen und Barthenheier [Bar04], dass die Querbeschleunigungen bei Landstraßenfahrten auf $a_y < 4,8$ m/s^2 begrenzt sind. Die restlichen 5 % sind dem Fahrprofil „Sportlich" zuzuordnen, welches den gesamten Arbeitsbereich der Längs- und Querbeschleunigungen ausnutzt. Neben dem sportlichen Fahrprofil fasst Abel [Abe19] in der Tabelle 6.1 die Fahrprofile „Schonend" und „Durchschnittlich" zu einem Normalfahrer zusammen. Ihre Definition wird im Folgenden verwendet.

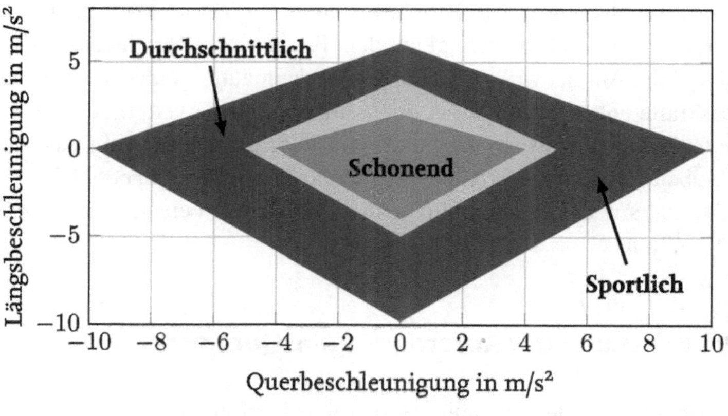

Abbildung 6.3 Darstellung der maximalen Längs- und Querbeschleunigung für die Fahrprofile „Schonend", „Durchschnittlich" und „Sportlich" nach Janssen [Jan07]

Tabelle 6.1 Arbeitsraum der maximalen Längs- und Querbeschleunigung in Abhängigkeit vom Fahrprofil nach Abel [Abe19]

Fahrprofil	Längsbeschl. in m/s^2	Querbeschl. in m/s
Normalfahrer	$-5 \leq a_x \leq 3$	$-5 \leq a_y \leq 5$
Sportlicher Fahrer	$-10 \leq a_x \leq 6$	$-10 \leq a_y \leq 10$

6.2 Erhebung der Anforderungen

In diesem Abschnitt wird die Vorgehensweise zur Erhebung der Anforderungen für die Berechnung der Lastkollektive für TV-Systeme beschrieben, gegliedert zunächst für die Längsdynamik im Teilabschnitt 6.2.1 und anschließend für die Querdynamik im Teilabschnitt 6.2.2.

6.2.1 Erhebung der Anforderungen: Längsdynamik

In der Längsdynamik erfolgt die Anforderungserhebung durch die Berechnung der Ausnutzung des Reifenkraftpotentials nach der in Abschnitt 4.2.2 beschriebenen Potentialanalyse. Die Berechnung benötigt als Eingangsgröße die Längsbeschleunigung sowie die Modellparameter des Zielfahrzeugs und berechnet als Ausgangsgröße das erforderliche Differenzmoment. Aus der zu erwartenden Längsbeschleunigung in Abhängigkeit vom Fahrprofil und den Modellparametern des Zielfahrzeugs wird das dynamische Reifenkraftpotential für jeden Arbeitspunkt ermittelt. Die Anforderungserhebung erfolgt mit dem Fahrmanöver Beschleunigung geradeaus auf μ-Split. Aus der wirkenden Längsbeschleunigung werden die erforderlichen Antriebskräfte entsprechend der Antriebsstrangtopologie verteilt, die Ausnutzung des Reifenkraftpotentials ermittelt und vom Niedrigreibwertrad auf das Hochreibwertrad übertragen. Das erfordelriche Differenzmoment errechnet sich bei vollständiger Ausnutzung des Reifenkraftpotentials aus den an beiden Rädern wirkenden Antriebskräften.

6.2.2 Erhebung der Anforderungen: Querdynamik

Die Erhebung der Querdynamikanforderungen erfolgt nach der im Kapitel 5 beschriebenen Methodik. Als Eingangsgrößen werden die Modellparameter des Zielfahrzeugs und die Lenkanregung benötigt, welche sich aus der stationären Querbeschleunigung und der Geschwindigkeit ergibt. Die Ausgangsgröße ist das erforderliche Differenzmoment als Funktion der Raddrehzahldifferenz. Die Lenkanregung ist geschwindigkeitsabhängig und erfolgt durch die Kopplung der Lenkamplitude mit einer Frequenzanregung. Die resultierende Eingsgröße veranschaulicht Abbildung 6.4. In der linken Abbildung dienen die querbeschleunigungsabhängigen Kurvenverläufe als geschwindigkeitsabhängige Approximation des maximalen Lenkwinkels $\hat{\delta}_{\mathrm{v}}$ gemäß Abschnitt 6.1. In der rechten Abbildung umfasst der schraffierte Bereich die stationäre und dynamische normierte Lenkbewegung nach

Abschnitt 5.1.3, welche bis $f \leq 0,6$ Hz konstant gehalten und dann zwischen $0,6 < f \leq 1,5$ Hz linear reduziert wird. Die Kopplung des maximalen Lenkwinkels mit der normierten frequenzabhängigen Lenkbewegung berechnet in Abhängigkeit von Geschwindigkeit und Querbeschleunigung die Lenkanregung $\hat{\delta}_\mathrm{v}$ mit einem Sinus ansteigender Frequenz zwischen $0,1 \leq f \leq 1,5$ Hz:

$$\delta_\mathrm{v}(t) = \hat{\delta}_\mathrm{v}\left(a_\mathrm{y}\right) \cdot \sin\left(2\pi f\left(t\right) \cdot t\right) \text{ mit } \hat{\delta}_\mathrm{v}\left(a_\mathrm{y}\right) = \frac{l + EGv_\mathrm{x}^2}{v_\mathrm{x}^2} \cdot a_\mathrm{y}\left(v_\mathrm{x}\right) \quad (6.1)$$

Ausgangsseitig erfolgt die Anforderungserhebung durch die Modellierung des Wunsch- und Grundfahrverhaltens. Mit den Modellparametern des Zielfahrzeugs wird das Wunschfahrverhalten über ein Referenzmodell und das Grundfahrverhalten über ein Fahrzeugmodell abgebildet. Der Algorithmus aus Abschnitt 5.3.2 berechnet dabei das Referenzmodell mit Hilfe eines Regressionsmodells auf Basis vergangener Fahrzeugabstimmungen. Das erforderliche Differenzmoment ergibt sich aus dem Vergleich zwischen Grund- und Wunschfahrverhalten als Funktion der Raddrehzahldifferenz, welche aus der Referenzgierrate des Referenzmodells auf Grundlage des kinematischen Ansatzes aus Abschnitt 4.3 resultiert.

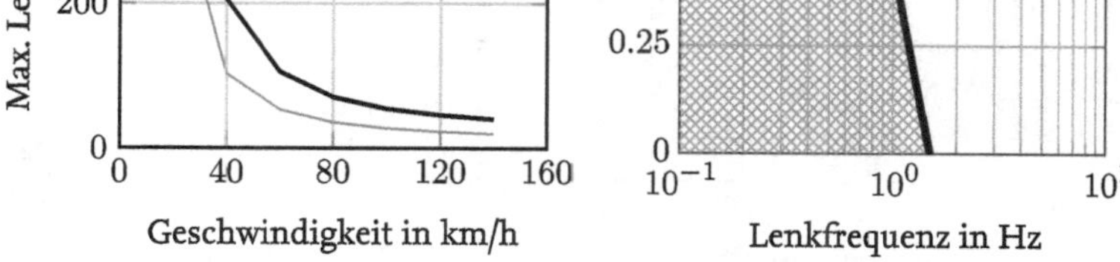

Abbildung 6.4 Darstellung zur Berechnung der Lenkanregung aus der Kopplung zwischen Amplitude (links) und Frequenz (rechts)

6.3 Berechnung des Lastkollektivs

Aus der Summe der Längs- und Querdynamikanforderungen resultiert das Lastkollektiv eines TV-Systems bestehend aus dem erforderlichen Differenzmoment als Funktion der Raddrehzahldifferenz. Die Berechnung erfolgt im Folgenden für die Fahrprofile „Normalfahrer" und „sportlicher Fahrer" entsprechend ihrem zu erwartenden Arbeitsraums.

In Abbildung 6.5 sind die wirkenden Längsbeschleunigungen bei Gleich- und Querverteilung der Antriebskräfte für einen Normalfahrer und einen sportlichen Fahrer in dem Fahrmanöver Beschleunigung geradeaus auf μ-Split berechnet. Die maximale Längsbeschleunigung ist gemäß der Definition in Tabelle 6.1 für einen Normalfahrer auf $a_x = 3$ m/s^2 und für einen sportlichen Fahrer auf $a_x = 6$ m/s^2 begrenzt. Das erforderliche Differenzmoment steigt mit zunehmendem Reibwertverhältnis. Die Anforderung ergibt sich somit aus der zu erwartenden Fahrbahnoberfläche des Zielfahrzeugs. Da die Fahrzeughersteller ihre Fahrzeuge in der Regel global, zumindest aber für Binnenmärkte entwickeln, können regional niedrige Reibwerte bis zu $\mu \leq 0,1$ auftreten. Bei einem Reibwertverhältnis von $0,1:1$ ergibt sich somit ein Differenzmoment von $\Delta M_{\text{Diff}} \approx 1570$ Nm für Normalfahrer und $\Delta M_{\text{Diff}} \approx 2510$ Nm für sportliche Fahrer.

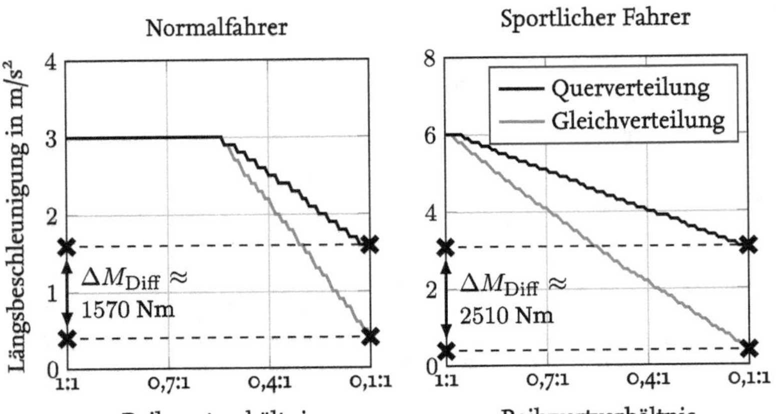

Abbildung 6.5 Anwendung der Methodik zur Berechnung der Längsdynamikanforderungen. Das erforderliche Differenzmoment ergibt sich aus dem Fahrmanöver Beschleunigung geradeaus auf μ-Split ein Differenzmoment von $\Delta M_{\text{Diff}} \approx 1570$ Nm (Normalfahrer) und $\Delta M_{\text{Diff}} \approx 2510$ Nm (sportlicher Fahrer)

Abbildung 6.6 veranschaulicht die Anwendung der Methodik zur Erhebung der Querdynamikanforderungen. Als Eingangsgröße für das Modell dient die Lenkanregung. Aus den Modellparametern des Zielfahrzeugs ergibt sich eine Parametrierung des Referenzmodells zur Abbildung des Wunschfahrverhaltens. Die Spreizung in der Parametrierung erlaubt zusätzlich eine Differenzierung zwischen Normalfahrer und sportlichem Fahrer, wobei das sportliche Wunschfahrverhalten durch ein geringeres Dämpfungsmaß, eine erhöhte Nullstellen- und Eigenfrequenz sowie eine ausgeprägtere Schwimmwinkelcharakteristik gekennzeichnet ist. Das Fahrzeugmodell zur Abbildung des Grundfahrverhaltens und das inverse Einspurmodell zur Abbildung des Stelleingriffs werden analytisch aus den Modellparametern bestimmt. Aus dem Modell ergibt sich das Differenzmoment als Funktion der Raddrehzahldifferenz und der Geschwindigkeit, wobei die Ausgangsgrößen auf den nach Laumanns [Lau07] fahrdynamisch relevanten Fahrbereich $v_x \geq 30$ km/h beschränkt werden.

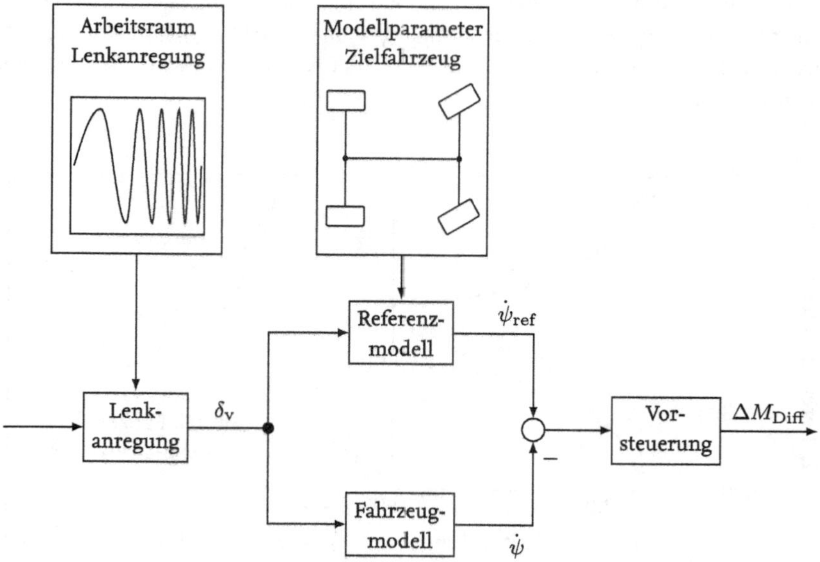

Abbildung 6.6 Anwendung der Methodik zur Berechnung der Querdynamikanforderungen. Der zu erwartende Arbeitsraum bestimmt die Lenkanregung. Aus den Modellparametern des Zielfahrzeugs wird die Parametrierung zur Abbildung des Wunschfahrverhaltens berechnet und das Grundfahrverhalten sowie der Stelleingriff analytisch bestimmt. Als Ausgangsgröße resultiert das erforderliche Differenzmoment als Funktion der Raddrehzahldifferenz

Das berechnete erforderliche Differenzmoment aus den Längs- und Querdynamikanforderungen als Funktion der Geschwindigkeit und der Raddrehzahldifferenz ist in Abbildung 6.7 für einen Normalfahrer und einen sportlichen Fahrer dargestellt. Die linke Abbildung zeigt den Zusammenhang zwischen dem erforderlichen Differenzmoment und der Geschwindigkeit. Für Geschwindigkeiten $v_x \leq 30$ km/h wird das aus den Querdynamikanforderungen berechnete erforderliche Differenzmoment wird nicht benötigt. Die Differenz zwischen dem Wunsch- und Grundfahrverhalten wird ausgeblendet, sodass sich das maximale Differenzmoment aus den Längsdynamikanforderungen ergibt. Ab Geschwindigkeiten $v_x > 30$ km/h werden die Querdynamikanforderungen berücksichtigt und beeinflussen den Kurvenverlauf. Da mit zunehmender Geschwindigkeit kleinere Kurvenradien durchfahren werden und der Fahrer kleinere Lenkamplituden einstellt, ist der Zusammenhang antiproportional. Eine zunehmende Geschwindigkeit erfordert ein geringeres Differenzmoment, sodass auch geringere erforderliche Leistungen resultieren. Für die Berechnung des Lastkollektivs ist daher der Arbeitspunkt am Rand des fahrdynamisch relevanten Fahrbereichs bei $v_x = 30$ km/h maßgebend, wobei die Abhängigkeit des erforderlichen Differenzmoments von der Raddrehzahldifferenz in der rechten Abbildung dargestellt ist.

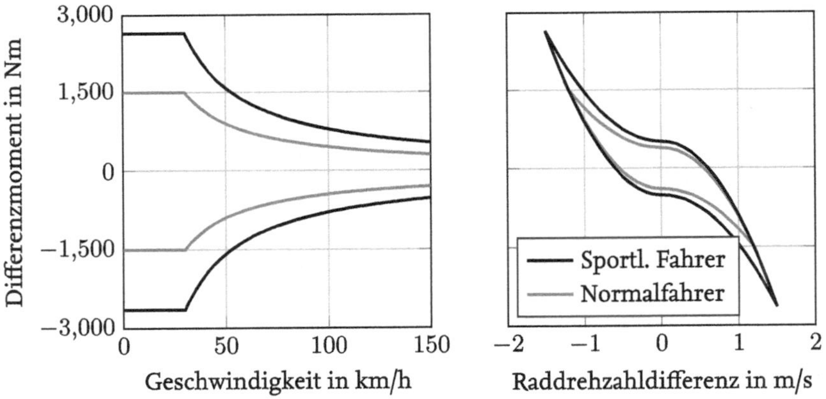

Abbildung 6.7 Berechnung des erforderlichen Differenzmoments. In der linken Abbildung ist das erforderliche Differenzmoment als Funktion der Geschwindigkeit dargestellt. Es resultiert für $v_x \leq 30$ km/h aus den Längsdynamikanforderungen und für $v_x > 30$ km/h aus den Querdynamikanforderungen. In der rechten Abbildung ist das erforderliche Differenzmoment in Abhängigkeit zur Raddrehzahldifferenz bei $v_x = 30$ km/h dargestellt

Aus dem resultierenden erforderlichen Differenzmoment wird das Lastkollektiv des TV-Systems berechnet. Dabei dient die Abhängigkeit zwischen dem erforderlichen Differenzmoment ΔM_{Diff} und der Raddrehzahldifferenz $\Delta v_{\text{x,h}}$ als Grundlage. Die erforderliche Leistung P_{Diff} in Abhängigkeit vom dynamischen Reifenhalbmesser r_{dyn} ergibt sich zu:

$$P_{\text{Diff}} = \Delta M_{\text{Diff}} \cdot \frac{\Delta v_{\text{x,h}}}{r_{\text{dyn}}} \tag{6.2}$$

Gemäß der Berechnung ist das TV-System mit den in Anhang ?? angenommenen Fahrzeugdaten mit einer Maximalleistung von $P_{\text{Diff,max}} = 12$ kW bei einem maximalen Differenzmoment von $\Delta M_{\text{Diff,max}} = 2640$ Nm für einen sportlichen Fahrer auszulegen. Die ermittelte Maximalleistung für einen Normalfahrer ergibt sich zu $P_{\text{Diff,max}} \approx 5,45$ kW bei einem maximalen Differenzmoment von $\Delta M_{\text{Diff,max}} = 1500$ Nm. Je nach verwendetem TV-System stellen die maximal erforderliche Leistung und das maximal erforderliche Differenzmoment Anforderungen an die Komponentenebende, also die kupplungsbasierten oder elektromechanischen Aktuatoren, auf die im Folgenden eine Einschätzung gegeben wird.

Die Drehmomentübertragung kupplungsbasierter TV-Systeme hängt von den folgenden vier Faktoren ab [Ort21]:

- Der Lamellenwerkstoff
- Die Anzahl der Reiblamellen
- Der Radius der Reiblamellen
- Der Anpressdruck

Der Lamellenwerkstoff hat Einfluss auf den Reibwert μ_{K}, die Temperaturbeständigkeit und den Verschleiß des kupplungsbasierten Systems. Ein höherer Reibwert führt zu höheren Kosten, aber auch zu einer längeren Lebensdauer. Gleichzeitig wird bei konstantem Anpressdruck auch das Drehmoment erhöht. In der Automobilindustrie werden Kupplungswerkstoffe aus folgenden Materialien verwendet: organische Materialien ($\mu_{\text{K}} \approx 0,3$), Sintermetalle ($\mu_{\text{K}} \approx 0,5$) oder Keramik ($\mu_{\text{K}} \approx 0,6$). Für die Auslegung sind die Anzahl n_{K} und der Radius der Reiblamellen r_{K} sowie der Anpressdruck F_{K} entscheidend. Die maximale Drehmomentübertragung $\Delta M_{\text{Diff,K,max}}$ des kupplungsbasierten Systems ergibt sich dabei aus der folgenden Gleichung:

$$\Delta M_{\text{Diff,K,max}} = \mu_{\text{K}} \cdot n_{\text{K}} \cdot r_{\text{K}} \cdot F_{\text{K}} \,. \tag{6.3}$$

Eine Erhöhung des Anpressdrucks, der Anzahl und des Radius der Lamellen erhöht die Drehmomentübertragung, sodass ein Systemoptimum auf Grundlage des maximal erforderlichen Differenzmoments berechnet werden kann [NT19]. Dieses Systemoptimum ergibt sich aus der verfügbaren Kühlung und dem verfügbaren Bauraum. Die Kühlung bestimmt den Anpressdruck und die Lamellendicke, da ein höherer Anpressdruck den Temperatureintrag erhöht und eine höhere Lamellendicke die thermische Masse erhöht. Der verfügbare Bauraum ermöglicht schließlich die Optimierung der Anzahl und des Radius der Lamellen.

Die Drehmomentübertragung elektromechanischer Systeme erfolgt durch eine elektrische Maschine mit oder ohne Getriebeübersetzungsstufe. Für den Anwendungsfall als TV-System ergeben sich aufgrund des erforderlichen hohen maximalen Drehmoments bei vergleichsweise geringer erforderlicher Maximalleistung spezifische Anforderungen. Diese können durch den Einsatz einer Asynchron- oder Synchronmaschine mit Getriebeübersetzungsstufe oder durch einen Torquemotor erfüllt werden. Die Variante einer Asynchron- oder Synchronmaschine mit Getriebeübersetzungsstufe hat ihre Vorteile in einem geringeren radialen Bauraumbedarf und geringeren Kosten, sofern standardisierte Komponenten für die elektrische Maschine und das Getriebe verwendet werden. Die Variante eines Torquemotors ist mit höheren Kosten verbunden, bietet jedoch einen geringeren axialen Bauraumbedarf. Die Vorteile ergeben sich durch den Wegfall der Getriebeübersetzungsstufe. Einerseits entfallen die Getriebeverluste, was zu einem höheren Wirkungsgrad und geringerem Verschleiß führt. Andererseits ermöglicht der Verzicht auf das Getriebe eine höhere Präzision und Dynamik.

6.4 Zusammenfassung der Ergebnisse

In diesem Kapitel wurde die Berechnung eines Lastkollektivs gemäß der Anforderungserhebung für TV-Systeme anhand von zwei Fahrprofilen durchgeführt. Dazu wurden zunächst die Arbeitsärume der Fahrprofile eines „Normalfahrers“ und eines „sportlichen Fahrers“ bestimmt. Anschließend wurden die längs- und querdynamischen Anforderungen an das Differenzmoment und die Raddrehzahldifferenz eines TV-Systems ermittelt. Die Erhebung der längsdynamischen Anforderungen erfolgte hierbei auf Basis einer analytischen Berechnung mit Hilfe der Potentialanalyse aus Kapitel 4 und die Erhebung der querdynamischen Anforderungen auf Grundlage der Methodik aus dem Kapitel 5 durch einen Vergleich des Wunschfahrverhaltens mit dem Grundfahrverhalten der Fahrprofile sowie des Zielfahrzeugs.

Im Anschluss werden die Ergebnisse dieses Kapitels im Fahrversuch in Kapitel 7 validiert. Anschließend werden in Kapitel 8 die in Abschnitt 2.2 beschriebenen TV-Systeme aus dem Stand der Technik mit den berechneten Differenzmomenten und Raddrehzahldifferenzen in eine Simulationsumgebung integriert und die Wirksamkeit der Methodik anhand ausgewählter Fahrmanöver dargestellt.

7 Validierung im Fahrversuch

Das Ziel dieses Kapitels ist die Validierung der im vorherigen Kapitel 6 vorgestellten Methodik zur Berechnung des erforderlichen Momenten- und Leistungsbedarfs. Zu diesem Zweck wird der Torque-Splitter in einem Versuchsfahrzeug mit der angewandten Methodik verglichen. Der Torque Splitter wird dabei in Kombination mit einem Modellfolgeregelkreis verwendet, der eine virtuelle Parametrierung des Referenzmodells entsprechend der in Abschnitt 5.3.2 vorgestellten Methode ermöglicht. Als Fahrstrecken dienen ein Handlingkurs auf dem Volkswagen-Testgelände in Ehra-Lessien und die Nordschleife des Nürburgrings. Die Randbedingungen sind einerseits das maximale Differenzmoment von $M_{\mathrm{Diff,max}} = 1750$ Nm des Torque Splitters und andererseits das vorgegebene Geschwindigkeitsprofil sowie die eingefahrenen Längs- und Querbeschleunigungen. Auf dem Handlingkurs sollen die eingefahrenen Längs- und Querbeschleunigungen dabei dem Arbeitsraum eines Normalfahrers gemäß 6.1 entsprechen. Auf der Nordschleife des Nürburgrings soll das Versuchsfahrzeug hingegen voll ausgefahren werden, um den Arbeitsraum eines sportlichen Fahrers zu repräsentieren. Abschließend wird das gestellte Differenzmoment des Torque Splitters dem aus dem Geschwindigkeitsprofil sowie den eingefahrenen Längs- und Querbeschleunigungen nach angewandter Methodik berechneten erforderlichen Differenzmoment gegenübergestellt.

In Abbildung 7.2 sind das Geschwindigkeitsprofil, die Querbeschleunigung sowie das gemessene und das berechnete Differenzmoment für die Fahrt auf dem Handlingkurs dargestellt. Der Arbeitsraum des Fahrversuchs entspricht dem eines Normalfahrers und umfasst Querbeschleunigungen zwischen -5 m/s^2 und 5 m/s^2. Das gemessene Differenzmoment des Torque Splitters im Versuchsfahrzeug ist hierbei tendenziell kleiner als das berechnete Differenzmoment der angewandten Methodik. Grund hierfür ist die im Abschnitt 2.2 beschriebene Abhängigkeit des

N. Gruner, *Konzeptentwicklung einer Methodik zur Anforderungserhebung für Torque Vectoring Systeme in Elektrofahrzeugen*, AutoUni – Schriftenreihe 178,
https://doi.org/10.1007/978-3-658-49168-0_7

Torque Splitters vom Antriebsmoment und der Raddrehzahldifferenz. Eine freie Querverteilung ist demnach nur unter Last möglich. Andernfalls bestimmt die Raddrehzahldifferenz die Richtung des Differenzmoments, wobei immer ein Ausgleich vom schnelleren zum langsameren Rad erfolgt. Diese Besonderheiten spiegeln sich in der Messung wider. Bei der Berechnung des erforderlichen Differenzmoments wird die Charakteristik des Torque Splitters nicht berücksichtigt. Stattdessen erfolgt eine kontinuierliche Berechnung des erforderlichen Differenzmoments auf Grundlage des Geschwindigkeitsprofils und der während der gesamten Handlingkursfahrt eingefahrenen Längs- und Querbeschleunigungen. Aus diesem Grund stimmen die Kurvenverläufe nicht überein. Das Messergebnis des Torque Splitters spiegelt jedoch die Berechnung des erforderlichen Differenzmoments wider.

Ein ähnliches Ergebnis zeigt die Fahrt auf der Nordschleife des Nürburgrings in Abbildung 7.3. Das Versuchsfahrzeug mit einem Torque Splitter wird gemäß dem Arbeitsraum eines sportlichen Fahrers voll ausgefahren, sodass Querbeschleunigungen bis in den nichtlinearen Grenzbereich zwischen -12 m/s^2 und 12 m/s^2 gemessen werden. Die gemessenen gestellten Differenzmomente des Torque Splitters und die berechneten erforderlichen Differenzmomente der angewandten Methodik sind entsprechend des zugrunde liegenden Geschwindigkeitsprofils sowie der eingefahrenen Längs- und Querbeschleunigungen höher. Neben der bereits beschriebenen Charakteristik zwischen gestelltem Differenzmoment und Raddrehzahldifferenz des Torque Splitters, wie sie auf dem Handlingkurs beschrieben wurde, wirkt

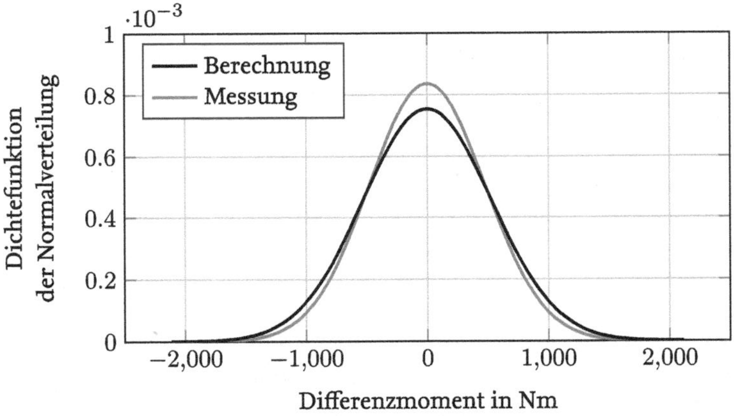

Abbildung 7.1 Dichtefunktion des erforderlichen Differenzmoments aus Messung und Berechnung für die Fahrt auf der Norschleife des Nürburgrings

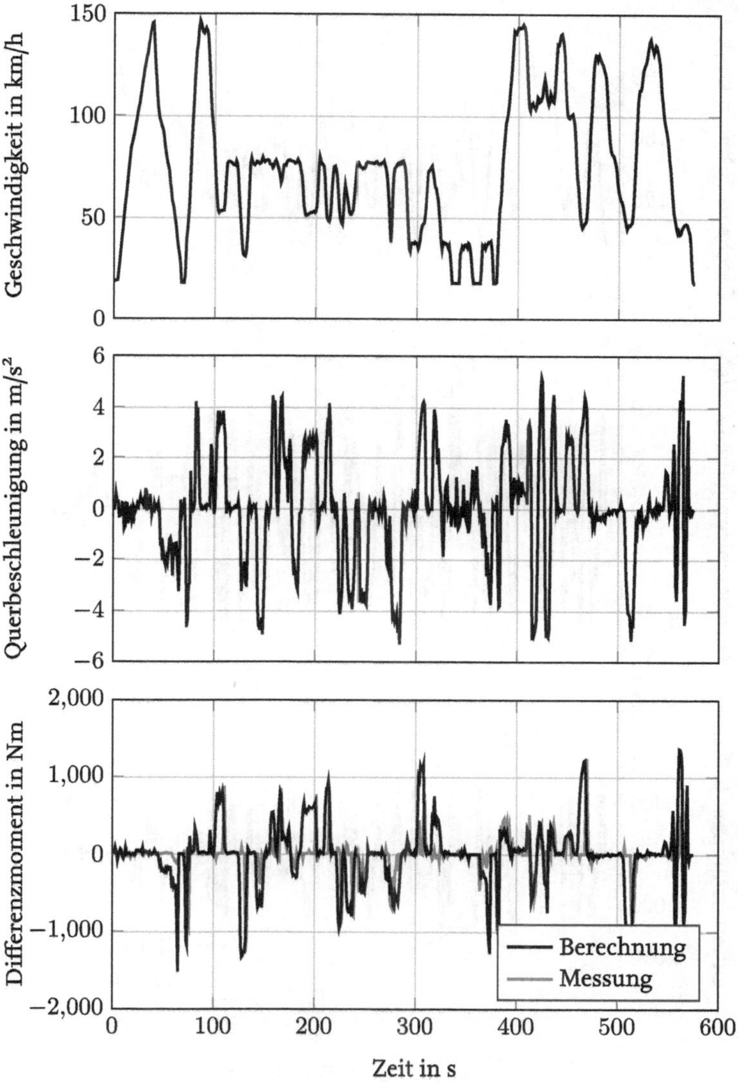

Abbildung 7.2 Vergleich zwischen dem gemessenen Differenzmoment eines Fahrzeugs mit einem Torque Splitter und dem aus der Anforderungserhebung berechneten Differenzmoment auf einer Handlingkursfahrt

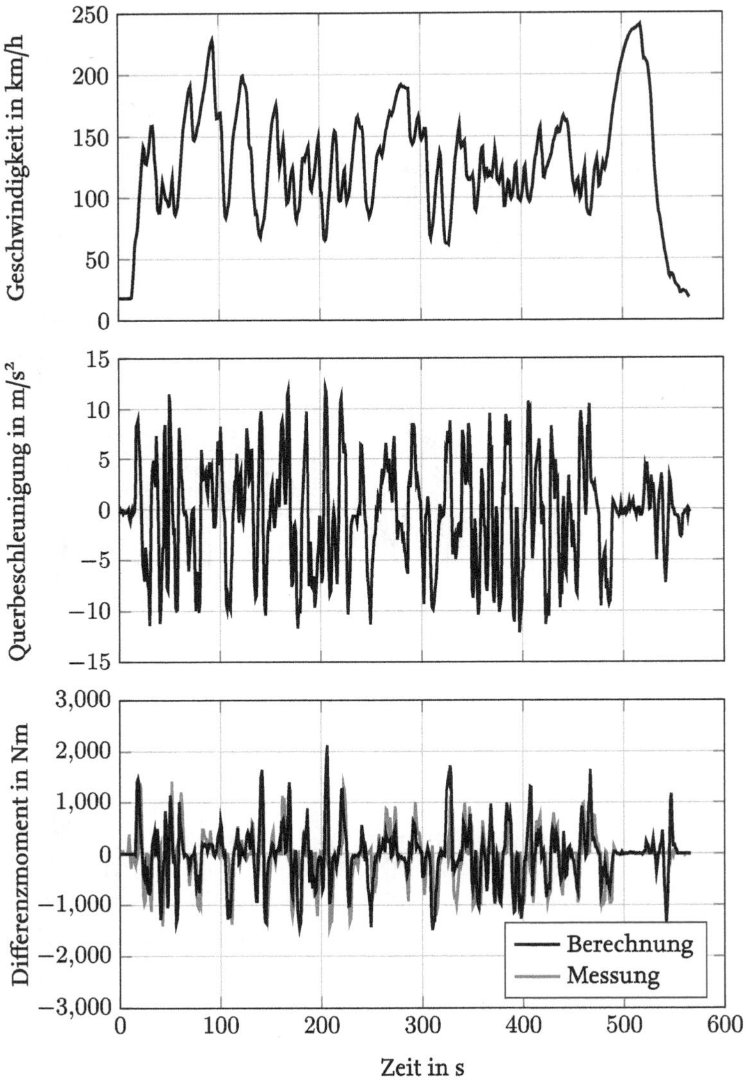

Abbildung 7.3 Vergleich zwischen dem gemessenen Differenzmoment eines Fahrzeugs mit einem Torque Splitter und dem aus der Anforderungserhebung berechneten Differenzmoment auf der Nordschleife des Nürburgrings

auf der Nordschleife des Nürburgrings zudem das maximale Differenzmoment von $M_{\text{Diff,max}} = 1750$ Nm begrenzend. Dies beeinflusst das Messergebnis, jedoch nicht das aus der angewandten Methodik berechnete erforderliche Differenzmoment. Unter Berücksichtigung der Randbedingungen findet sich somit auch in den Kurvenverläufen auf der Nordschleife des Nürburgrings das Ergebnis der Berechnung im Messergebnis wider.

Zur Veranschaulichung des Vergleichs zwischen dem berechneten erforderlichen Differenzmoment der angewandten Methodik und dem gemessenen gestellten Differenzmoment des Torque Splitters im Versuchsfahrzeug ist in Abbildung 7.1 die Dichtefunktion für Berechnung und Messung für die Fahrt auf der Nordschleife des Nürburgrings dargestellt. Sowohl bei der Berechnung als auch bei der Messung beträgt das Differenzmoment zumeist $M_{\text{Diff}} = 0$ Nm, da bei einer Geradeausfahrt ohne Reibwertdifferenz kein Stelleingriff eines Torque Vectoring (TV)-Systems erfolgt. In der Messung ist das gestellte auf das maximale Differenzmoment des Torque Splitters im Versuchsfahrzeug bei $M_{\text{Diff}} = 1750$ Nm begrenzt. Die Berechnung berücksichtigt diese Systemgrenze nicht und ermittelt höhere Differenzmomente gegenüber der Messung. Dabei wird ein maximal erforderliches Differenzmoment von $M_{\text{Diff}} \approx 2120$ Nm vorgegeben. Unter Berücksichtigung dieser Extremwerte ergibt sich insgesamt das Bild einer sich annähernden Wahrscheinlichkeitsverteilung. Daraus ist zu schließen, dass die Ausprägungen der zugrunde liegenden Zufallsvariablen – das heißt das gemessene, gestellte und berechnete erforderliche Differenzmoment – mit vergleichbaren Wahrscheinlichkeiten auftreten. Die angewandte Methodik zur Berechnung des erforderlichen Differenzmoments führt somit zu einem Ergebnis, welches das gestellte Differenzmoment des Torque Splitters approximiert. Es erscheint daher möglich, auch das erforderliche Differenzmoment eines noch unbekannten TV-Systems zu approximieren.

Simulationsergebnisse

8

In diesem Kapitel werden die berechneten Anforderungen aus dem vorhergehenden Kapitel 6 in eine Simulationsumgebung integriert, mit dem Ziel, die Wirksamkeit der Gesamtmethodik mit den im Abschnitt 2.2 beschriebenen Torque Vectoring (TV)-Systemen darzustellen. Die in Abbildung 8.1 skizzierte Simulationsumgebung wird in der Software CarMaker 8.1 [Car19] realisiert, in welcher der Fahrer, das Fahrmanöver und ein validiertes Fahrzeugmodell hinterlegt sind. Während der simulativ abgebildete Fahrer das hinterlegte Fahrmanöver auf einer vorgegebenen Trajektorie ausführt, verwendet CarMaker ein Mehrkörpersystem zur Abbildung der dynamischen Fahrzeugbewegungen und kommuniziert mit dem Antriebsstrang, bestehend aus Antriebsmaschine, Triebstrang und TV-System, in Matlab/ Simulink.

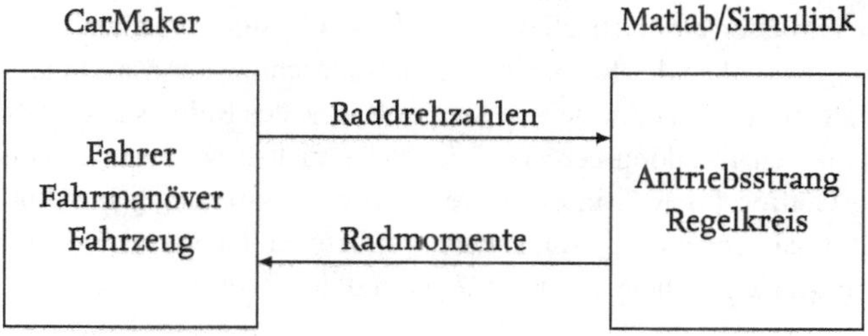

Abbildung 8.1 Skizzierte Darstellung der Simulationsumgebung

Die Modellierung des Antriebsstrangs wird zunächst im Abschnitt 8.1 mit Hilfe der berechneten Anforderungen aufgezeigt. Anschließend werden im Abschnitt 8.2

N. Gruner, *Konzeptentwicklung einer Methodik zur Anforderungserhebung für Torque Vectoring Systeme in Elektrofahrzeugen*, AutoUni – Schriftenreihe 178,
https://doi.org/10.1007/978-3-658-49168-0_8

die zur Regelung verwendeten Längs-, Quer- und Schlupfregelkreise beschrieben, bevor schließlich in den Abschnitten 8.3 und 8.4 eine Auswertung von Ergebnissen aus Längs- und Querdynamikuntersuchungen erfolgt.

8.1 Modellbildung des Antriebsstrangs

Der Antriebsstrang des Elektrofahrzeugs in der Simulationsumgebung besteht aus der Antriebsmaschine $G_{\mathrm{EM}}(s)$, dem Triebstrang $G_{\mathrm{TS}}(s)$ und den TV-Systemen $G_{\mathrm{TV}}(s)$, deren Übertragungsverhalten in diesem Abschnitt modelliert wird. Als Eingangsgrößen dienen die von CarMaker ausgegebenen Raddrehzahlen sowie die Fahrpedalstellung und als Ausgangsgrößen die berechneten Radmomente.

Das stationäre Übertragungsverhalten der Antriebsmaschine $G_{\mathrm{EM}}(s)$ berechnet kennfeldbasiert aus der Raddrehzahl $n_{\mathrm{x,h}}$ den Arbeitspunkt des maximalen Luftspaltmomentes M_{EM}. Die Ansprechzeit des Luftspaltmomentes wird nach Schröder [Sch15] mit Hilfe eines Verzögerungsgliedes erster Ordnung mit der Zeitkonstanten T_{EM} vereinfacht. Die Multiplikation mit der Fahrpedalstellung FP und der Getriebeübersetzung i_{G} ergibt das Triebstrangmoment $i_{\mathrm{G}} M_{\mathrm{EM}}$. Es gilt:

$$G_{\mathrm{EM}}(s) = \frac{\mathrm{FP} \cdot i_{\mathrm{G}} \cdot M_{\mathrm{EM}}(v_{\mathrm{x,h}} i_{\mathrm{G}})}{T_{\mathrm{EM}} s + 1} \pm \frac{\Delta M_{\mathrm{Diff}}}{2} \, . \tag{8.1}$$

Der modellierte Triebstrang $G_{\mathrm{TS}}(s)$ setzt sich nach Menne [MDD99] aus sechs gekoppelten Massen als elastisches Feder-Massen-System zusammen, welches das Übertragungsverhalten des Rotors der Antriebsmaschine, der Maschinenwelle, des Differentialgetriebes, der Antriebswelle, des Rades, des Reifens und des Fahrzeugaufbaus umfassen. Der dominierende Frequenzbereich dieses Feder-Masse-Systems wird nach Götting [Göt04] in einem reduzierten Ersatzmodell in Abbildung 8.2 dargestellt. Basierend auf den Annahmen von Laschet [LL88] umfassen hierbei die reduzierten Massenträgheitsmomente J_{redE} und des Rades J_{redA} auf der Antriebs-

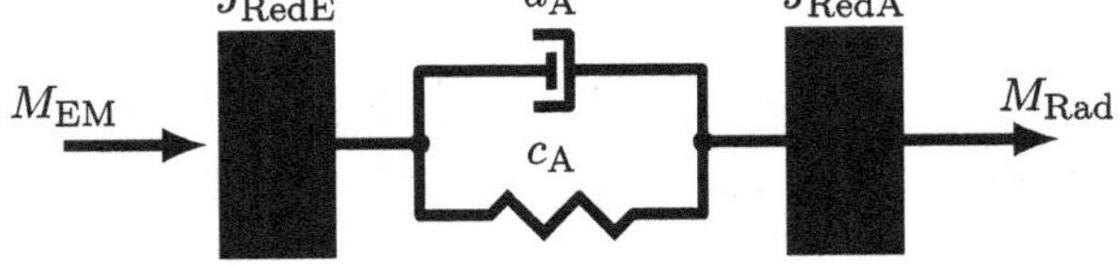

Abbildung 8.2 Reduziertes Zwei-Massen-Ersatzmodell zur Darstellung des Übertragungsverhaltens des Triebstrangs nach Götting [Göt04]

seite den Rotor, das Getriebeeingangsrad und das Getriebeausgangsrad sowie auf der Abtriebsseite das Rad, den Reifengürtel und den Fahrzeugaufbau. Das Übertragungsverhalten zwischen dem Triebstrangmoment $i_G M_{EM}$ und der Raddrehzahl $n_{x,h}$ ergibt sich aus dem Ersatzmodell insgesamt zu:

$$G_{TS}(s) = \frac{n_{x,h}}{M_{EM}} = \frac{i_G}{(J_{redE} + J_{redA})\, s} \cdot \frac{\frac{J_{redA}}{c_A} s^2 + \frac{d_A}{c_A} s + 1}{\frac{J_{redE} J_{redA}}{(J_{redE}+J_{redA}) c_A} s^2 + \frac{d_A}{c_A} s + 1} . \tag{8.2}$$

Die Modelle der TV-Systeme $G_{TV}(s)$ geben die Stellgrößenbegrenzung $\Delta M_{Diff,TV}$ vor, welche das berechnete erforderliche Differenzmoment ΔM_{Diff} des Gesamtregelkreises begrenzt. Für alle Modelle gilt wiederum: Die Stellgrößenbegrenzung $\Delta M_{Diff,TV}$ wird durch das maximale Differenzmoment aus der Anforderungserhebung in Abhängigkeit von der Raddrehzahldifferenz beschränkt. Die TV-Systeme können in kupplungsbasierte und elektromechanische Systeme unterteilt werden.

Kupplungsbasierte Systeme übertragen ein Sperrmoment mittels geregelter Lamellenkupplungen. Die Höhe des Sperrmomentes ist abhängig von der Anzahl der Lamellen und deren Abmessungen sowie vom Hydraulikdruck, der einen Kolben betätigt und eine Anpresskraft auf das Lamellenpaket ausübt. Der Druckaufbau und -abbau wird durch eine Anlege- und eine Rückstellfeder gedämpft, deren Übertragungsverhalten $G_{K,TV}(s)$ Greger [Gre06] mit einem Verzögerungsglied erster Ordnung mit der Zeitkonstanten T_K zur Abbildung ihrer Elastizität und mit den Totzeiten $T_{t,K}$ zur Abbildung ihres Widerstandes modelliert.

$$G_{K,TV}(s) = \frac{1}{T_K s + 1} e^{-T_{t,K}} . \tag{8.3}$$

Die geregelte Quersperre nutzt eine Lamellenkupplung, um bei Betätigung das Antriebsmoment von der schnelldrehenden auf die langsamdrehende Seitenwelle zu übertragen. Das schnelldrehende Rad wird abgebremst und das langsamdrehende Rad beschleunigt, sodass die Drehmomentübertragung nur einseitig erfolgen kann. Piyakongkarn [PGY+06] berücksichtigt diesen Zusammenhang unter Verwendung eines Masse-Feder-Systems:

$$\Delta M_{Diff,TV} = \frac{\frac{d_K}{c_K} s + 1}{s} c_K \cdot \left(\Delta v_{x,h}\right) \cdot \mathrm{sgn}\left(\Delta v_{x,h}\right) . \tag{8.4}$$

Der Torque Splitter verteilt das Antriebsmoment über je eine Lamellenkupplung auf die Seitenwellen der Hinterräder. Im geöffneten Zustand beschleunigt ein anliegendes Antriebsmoment die Antriebswelle, sodass eine Drehzahldifferenz zur

Seitenwelle entsteht. Das resultierende Momentenungleichgewicht erlaubt eine freie Verteilung durch das Schließen der Lamellenkupplungen, solange das Differenzmoment das Triebstrangmoment $i_G M_{EM}$ nicht überschreitet. Ohne anliegendes Antriebsmoment beschleunigt die Antriebswelle nicht, sodass durch das Schließen der beiden Lamellenkupplungen das Drehmoment des Torque Splitters analog zur geregelten Quersperre zwangsweise übertragen und die Differenz der Raddrehzahlen ausgeglichen wird. Nach Frömmig [Frö12] ergibt sich mit dem Massenträgheitsmoment J_h und der Winkeldrehzahl ω_h der Antriebswelle folgender Zusammenhang:

$$\Delta M_{Diff,TV} = i_G M_{EM} - J_h \frac{d\omega_h}{dt} . \tag{8.5}$$

Elektromechanische Systeme übertragen ein Differenzmoment mit Hilfe einer zweiten elektrischen Maschine. Die Modellierung der Dynamik entspricht dem Übertragungsverhalten der Antriebsmaschine und wird mit einem PT1-Verhalten angenähert:

$$G_{EM,TV}(s) = \frac{1}{T_{EM}s + 1} . \tag{8.6}$$

Das Differenzmoment ist bei Verwendung des Doppelmotrs abhängig von den Raddrehzahlen und von der Raddrehzahldifferenz bei Verwendung eines elektrischen Überlagerungsgetriebes mit dem Überlagerungsmoment $i_{TV} M_{TV}$:

$$\Delta M_{Diff,TV} = i_G \left(M_{EM,hl}(v_{x,hl}) - M_{EM,hr}(v_{x,hr}) \right) , \tag{8.7}$$

$$\Delta M_{Diff,TV} = i_{TV} M_{TV} \left(i_{TV} \Delta v_{x,h} \right) . \tag{8.8}$$

8.2 Ansteuerung des Antriebsstrangs

Abbildung 8.3 skizziert den Gesamtregelkreis zur Ansteuerung des Antriebsstrangs einschließlich der Nutzung von TV-Systemen in der Simulationsumgebung. Der Gesamtregelkreis baut auf dem Modellfolgeregelkreis als Querregelkreis aus Abschnitt 5.1.1 auf, ergänzt um einen Längsregelkreis und einen Schlupfregelkreis. Der Längsregelkreis hat die Aufgabe, aus der Stellung des Gas- und Bremspedals eine Längsbeschleunigung bzw. -verzögerung zu berechnen, aus der sich ein Antriebsmoment ergibt. Der Querregelkreis ermittelt eine Wunschtrajektorie und berechnet daraus ein erforderliches Differenzmoment ΔM_{Diff}. Der Schlupfregelkreis wirkt schließlich als Stellgrößenbegrenzung und verhindert, dass die Summe aus Antriebs- und Differenzmoment das Kraftpotential der Reifen überschreitet. Die einzelnen Regelkreise werden im Folgenden näher beschrieben.

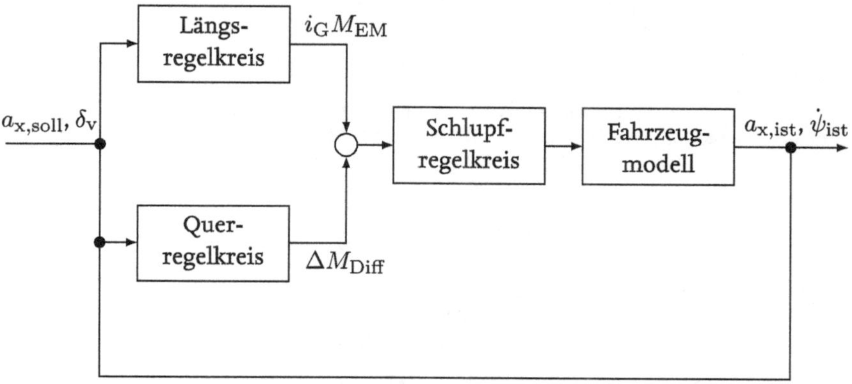

Abbildung 8.3 Der Gesamtregelkreis in der Simulationsumgebung besteht aus einem Längs-, Quer- und Schlupfregelkreis. Der Längsregelkreis ermittelt aus der Fahrpedalstellung das Antriebsmoment, der Querregelkreis berechnet das Differenzmoment des TV-Systems und der Schlupfregelkreis verhindert das die Summe aus Antriebs- und Differenzmoment das Reifenkraftpotential übersteigt

8.2.1 Längsregelkreis

Der Längsregelkreis berechnet aus der Gas- und Bremspedalstellung des Fahrers das Antriebsmoment, aus dem sich eine Längsbeschleunigung oder -verzögerung ergibt. Im Fahrzeug wird dies durch eine geschwindigkeitsabhängige Fahrpedalkennlinie realisiert. Der Längsregelkreis ist also eigentlich eine Längssteuerung, wobei der Fahrer die Steuerung der Längsbeschleunigung übernimmt.

Ziel der verwendeten Simulationsumgebung ist es hingegen, eine gewünschte Längsbeschleunigung stationär exakt zu regeln. Die Aufgabe des Fahrers übernimmt somit der Längsregelkreis von Seekamp [See20] in Abbildung 8.4. Der Längsregelkreis verwendet eingangsseitig die Längsbeschleunigung $a_{x,ist}$ und ermittelt auf Basis eines Fahrwiderstandsmodells ein erforderliches Antriebsmoment $i_G M_{EM}$. Als Führungsgröße dient die gewünschte Längsbeschleunigung $a_{x,soll}$, mit der ein PI-Regler durch Vergleich mit der Zustandsgröße $a_{x,ist}$ die hierfür erforderliche Fahrpedalstellung FP ermittelt.

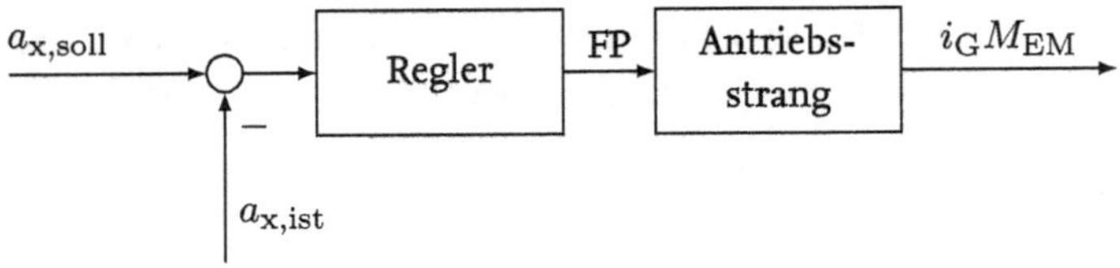

Abbildung 8.4 Der Längsregelkreis misst eingangsseitig die Längsbeschleunigung $a_{\mathrm{x,ist}}$, vergleicht diese mit der Führungsgröße $a_{\mathrm{x,soll}}$ und berechnet geregelt eine Fahrpedalstellung FP, aus welcher im Antriebsstrangmodell das Anitriebsmoment $i_{\mathrm{G}}M_{\mathrm{EM}}$ folgt

$$\mathrm{FP} = \left(k_{\mathrm{p}} + \frac{k_{\mathrm{i}}}{s}\right) \cdot \left(a_{\mathrm{x,soll}} - a_{\mathrm{x,ist}}\right) \tag{8.9}$$

Die Fahrpedalstellung wird linear mit dem maximalen Luftspaltmoment im aktuellen Arbeitspunkt verrechnet, wobei anschließend das Übertragungsverhalten der Antriebsmaschine und des Triebstrangs wirkt. Es folgt ausgangsseitig das Antriebsmoment $i_{\mathrm{G}}M_{\mathrm{EM}}$, sodass eine positive Fahrpedalstellung einer Längsbeschleunigung und eine negative Fahrpedalstellung einer Längsverzögerung entspricht.

8.2.2 Querregelkreis

Der Querregelkreis wurde im Rahmen der Masterthesis von Fabian Six [Six22] auf Basis des Modellfolgeregelkreises aus Abschnitt 5.1.1 entwickelt und in die Simulationsumgebung integriert. Das Blockschaltbild des Querregelkreises ist in Abbildung 8.5 mit dem Fahrzeugmodell $G_{\delta}(s)$, dem Referenzmodell $G_{\delta,\mathrm{ref}}(s)$, der vorgesteuerten Fahrzeuginversen $G_{\mathrm{M}}^{-1}(s)$ und dem Regler $G_{\mathrm{R}}(s)$ skizziert. Das Ziel des Queregelkreises ist es, das Fahrzeug auf Grundlage des vom Fahrer vorgegebenen Lenkwinkels δ_{v} mit Hilfe des modellierten TV-Systems auf die gewünschte Referenzgierrate aus dem Referenzmodell $\dot{\psi}_{\mathrm{ref}}$ zu führen, wobei das hierfür erforderliche Differenzmoment ΔM_{Diff} auf zwei Wegen berechnet wird:

- Das vorgesteuerte Differenzmoment der Fahrzeuginversen $G_{\mathrm{M}}^{-1}(s)$.
- Das Differenzmoment der Rückkopplung $G_{\mathrm{R}}(s)$, basierend auf der Regelabweichung zwischen Referenzgierrate $\dot{\psi}_{\mathrm{ref}}$ und der gemessenen Gierrate $\dot{\psi}_{\mathrm{ist}}$.

Zusammen bilden sie das Gleichungssystem des Modellfolgeregelkreises zwischen der Gierrate des Fahrzeugs und der Lenkwinkeleingabe des Fahrers:

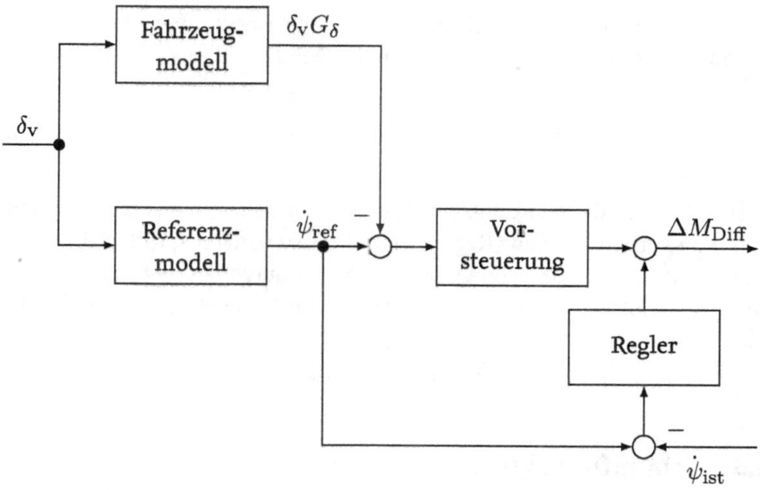

Abbildung 8.5 Der Querregelkreis berechnet ein erforderliches Differenzmoment ΔM_{Diff} basierend auf den Modellfolgeregelkreis. Es setzt sich zusammen aus dem Vorsteuerpfad $G_M^{-1}(s)$ und dem Regelpfad $G_R(s)$

$$\frac{\dot{\psi}_{ist}}{\delta_v} = \frac{G_{\delta,ref}(s) - G_\delta(s)G_M^{-1}(s)G_{\delta,ref}(s)}{1 + G_\delta(s)G_R(s)} - \frac{G_\delta(s)G_M^{-1}(s) - G_\delta(s)G_R(s)}{1 + G_\delta(s)G_R(s)} \cdot \frac{\dot{\psi}_{ref}}{\delta_v} \tag{8.10}$$

In der Gleichung des geschlossenen Regelkreies entspricht die Gierrate des Fahrzeugs $\dot{\psi}_{ist}$ gleich der Referenzgierrate $\dot{\psi}_{ref}$, wenn die Fahrzeuginverse des Vorsteuerpfades $G_M^{-1}(s)$ exakt das reale Fahrzeugmodell $G_\delta(s)$ widerspiegelt. Das reale Fahrzeugmodell bildet die Gierreaktion des Fahrzeugs infolge des vom Fahrer vorgegebenen Lenkwinkels ab, sodass die Berechnung der Fahrzeuginversen zum identischen Problem aus Abschnitt 5.1.1 führt: ein akausales System. In der Simulationsumgebung approximiert daher das lineare Einspurmodell das reale Fahrzeugmodell des Fahrzeugs und kann nach Kaspar [KSBH14] durch Einführung einer Pseudo-Nullstelle mit kleiner Zeitkonstante T_P einfach invertiert werden. Die vorgesteuerte Fahrzeuginverse ergibt sich somit zu:

$$\tilde{G}_M^{-1}(s) = G_{M,stat}^{-1} \frac{\frac{1}{\omega_e^2}s^2 + \frac{2D}{\omega_e}s + 1}{(T_M s + 1)(T_P s + 1)}. \tag{8.11}$$

Im Grenzbereich minimiert die Regelung $G_\mathrm{R}(s)$ die Regeldifferenz $\dot{\psi}_\mathrm{ref} - \dot{\psi}_\mathrm{ist}$ mit Hilfe eines PI-Reglers und einer Anti-Windup-Struktur:

$$G_\mathrm{R}(s) = \left(k_\mathrm{p} + \frac{k_\mathrm{i}}{s}\right) \cdot \left(\dot{\psi}_\mathrm{ref} - \dot{\psi}\right) \tag{8.12}$$

Das erforderliche Differenzmoment ΔM_Diff errechnet sich aus der Addition der Anteile von Vorsteuerung und Regler. Abschließend wird überprüft, ob im aktuellen Arbeitspunkt das erforderliche Differenzmoment durch das gewählte TV-System $\Delta M_\mathrm{Diff,TV}$ bereitgestellt werden kann und die Stellgrößenbegrenzung eingehalten wird:

$$\Delta M_\mathrm{Diff} \leq \Delta M_\mathrm{Diff,TV} \tag{8.13}$$

8.2.3 Schlupfregelkreis

Der Schlupfregelkreis wurde im Rahmen dieser Arbeit von Herrn Keller in seiner Masterthesis [Kel22] modelliert und in die Simulationsumgebung integriert. Das Ziel des Schlupfregelkreises ist es, das Durchdrehen der Räder aufgrund der vollständigen Ausnutzug des Reifenkraftpotentials zu verhindern. Dazu wird für jedes Hinterrad die in Abbildung 8.6 skizzierte unabhängige Regelstruktur verwendet. Grundlage ist die Berechnung des Grenzschlupfes in Abbildung 8.7. Aufgetragen sind die Schlupfkurvenschar der Reifenlängskraft F_x über dem Reifenlängsschlupf s_x in Abhängigkeit vom Reibwert μ zwischen Niedrigreibwert (dunkel) und Hochreibwert (hell). In den Fahrmanövern wird der Reibwert vorgegeben, sodass die Vorgabe des Grenz-Reifenlängsschlupfes $s_\mathrm{x,SR}$, bevor das Rad in den Gleitzustand übergeht, direkt analytisch erfolgen kann. Zeitgleich erfolgt eine Berechnung der Raddrehzahlen der frei rollenden Hinterräder $v_\mathrm{x,hl}$ und $v_\mathrm{x,hr}$ aus der Fahrzeuggeschwindigkeit v_x, der Gierrate $\dot{\psi}$ und der halben Spurweite der Hinterachse b_h:

$$\begin{aligned} v_\mathrm{x,hl} &= v_\mathrm{x} - \dot{\psi}_\mathrm{ist} \cdot \frac{b_\mathrm{h}}{2}, \\ v_\mathrm{x,hr} &= v_\mathrm{x} + \dot{\psi}_\mathrm{ist} \cdot \frac{b_\mathrm{h}}{2}. \end{aligned} \tag{8.14}$$

Aus dem Grenzschlupf und den berechneten Raddrehzahlen ergibt sich die Grenzdrehzahl $n_\mathrm{EM,SR}$ der elektrischen Maschine in Abhängigkeit zum Arbeitspunkt der Antriebsmaschine, also der Unterscheidung zwischen motorischen und generatorischer Betrieb:

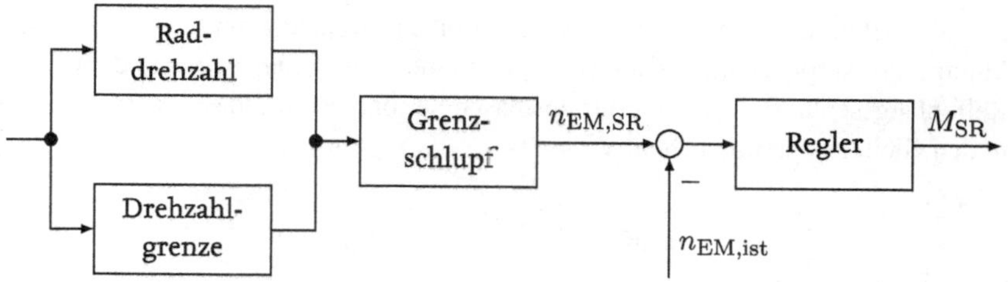

Abbildung 8.6 Der Schlupfregelkreis begrenzt die Summe aus Antriebsmoment und Differenzmoment durch das Grenzmoment M_{SR}. Er verhindert, dass die Reifen in den Gleitzustand übergehen

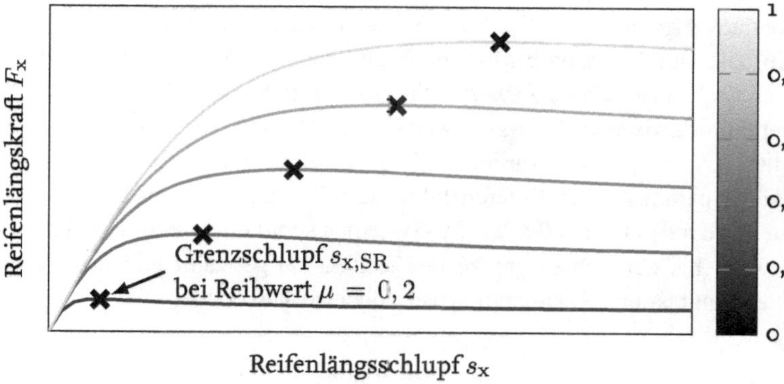

Abbildung 8.7 Schlupfkurvenschar der Reifenlängskraft über dem Reifenlängsschlupf in Abhängigkeit vom Reibwert

$$n_{\mathrm{EM,SR}} = \begin{cases} \frac{v_{\mathrm{x,hl/hr}} i_{\mathrm{G}}}{r_{\mathrm{dyn}} \cdot (1 - s_{\mathrm{x,SR}})} & a_{\mathrm{x}} > 0\,, \\ \frac{v_{\mathrm{x,hl/hr}} i_{\mathrm{G}} \cdot (1 - s_{\mathrm{x,SR}})}{r_{\mathrm{dyn}}} & a_{\mathrm{x}} \leq 0\,. \end{cases} \tag{8.15}$$

Die geringere Drehzahlgrenze $n_{\mathrm{EM,SR}}$ des linken oder rechten Hinterrades wird als Führungsgröße betrachtet und mit der gemessenen Drehzahl $n_{\mathrm{EM,ist}}$ der Antriebsmaschine verglichen. Der Schlupfregler berechnet schließlich mit Hilfe eines PI-Reglers mit Anti-Windup das Grenzmoment M_{SR}:

$$M_{\mathrm{SR}} = \left(k_{\mathrm{p}} + \frac{k_{\mathrm{i}}}{s}\right) \cdot \left(n_{\mathrm{EM,Grenz}} - n_{\mathrm{EM,ist}}\right) \tag{8.16}$$

Das Grenzmoment dient somit als Stellgrößenbegrenzung und beschränkt die Summe aus Antriebsmoment und Differenzmoment. Bei Überschreitung des Grenz-Reifenlängsschlupfes wird die Antriebsmaschine abgeregelt, sodass die Reifen nicht in den Gleitzustand übergehen.

$$i_G M_{EM} \pm \frac{\Delta M_{Diff}}{2} \leq M_{SR} \tag{8.17}$$

8.3 Längsdynamikuntersuchungen

In diesem Abschnitt werden die Simulationsergebnisse des Beschleunigens und des Rekuperierens geradeaus auf μ-Split in den Teilabschnitten 8.3.1 und 8.3.2 verglichen. Die Untersuchung erfolgt in Anlehnung an Frömmig [FPHK10] analog zur analytischen Berechnung aus Abschnitt 4.2.2. In beiden Fällen wird das Reibwertverhältnis zwischen Niedrigreibwertseite:Hochreibwertseite in einem Intervall zwischen $0,1 \leq \mu \leq 1$ variiert und das Ergebnis zunächst mit einem gemäß Tabelle 3.1 parametrierten Referenzfahrzeug mit einem offenem Differential und anschließend mit den modellierten TV-Systemen simuliert. Die Antriebskräfte werden jeweils bis zur Schlupfgrenze des Reifens aufgebracht und das maximale Beschleunigungs- und Rekuperationsvermögen ausgewertet.

8.3.1 Beschleunigen geradeaus auf μ-Split

Das Ergebnis der Simulation des Beschleunigungsvermögens ist in Abbildung 8.8 dargestellt. Verglichen werden die maximale Längsbeschleunigung und die Zeit bis zum Erreichen einer Geschwindigkeit von $v_x = 60\,\text{km/h}$ in Abhängigkeit vom Reibwertverhältnis zwischen linker und rechter Fahrzeugseite. Das Referenzfahrzeug mit einem offenem Differential verteilt die Antriebskräfte gleich und erreicht damit eine maximale Längsbeschleunigung von $a_x = 6,7\ \text{m/s}^2$ bei einem Reibwertverhältnis von 1 : 1. Bei Verringerung des Reibwertes auf der Niedrigreibwertseite führt der direkt proportionale Zusammenhang zwischen Reibwert und Längsbeschleunigung zu einem linearen Abfall, da die Gleichverteilung der Antriebskräfte das Reifenkraftpotential der Niedrigreibwertseite voll ausnutzt. Die Hochreibwertseite wird dagegen nicht optimal ausgenutzt, sodass Fahrzeuge mit TV-Systemen bei Verringerung des Reibwertverhältnisses deutlich höhere Längsbeschleunigungen erreichen können. In diesen Fahrsituationen wird die Zielgeschwindigkeit in deutlich kürzerer Zeit erreicht, wobei sich das kupplungsbasierte und das elektromechanische System stationär identisch verhalten und sich nur in der Dynamik geringfügig unterscheiden. Das hierfür erforderliche Differenzmoment ist in der linken Abbildung 8.9 in Abhängigkeit von dem Reibwerverhältnis dargestellt. Während das Referenzfahrzeug kein Differenzmoment überträgt, erfordert das geringere Reifenkraftpotential auf der Niedrigreibwertseite einen linearen Anstieg des Differenzmoments bei Fahrzeugen mit TV-Systemen. Dies ist in Tabelle 8.1 für Fahrsituationen mit den Reibwertverhältnissen $1:1{,}0,7:1{,}0,4:1$ und $0,1:1$ im Vergleich zwischen Simulation und analytischer Berechnung aus Abschnitt 4.2.2 verdeutlicht. So erhöht sich das erforderliche Differenzmoment um $\Delta M_{\text{Diff}} \approx 850$ Nm pro Verringerung des Reibwertes um $\mu = 0,3$. Die Abweichung zwischen Simulation und Berechnung ergibt sich aus der Verschiebung des Fahrzeugschwerpunktes in Querrichtung und einer einwirkenden Querbeschleunigung. Die methodisch einfachere analytische Berechnung führt dennoch zu einer sehr guten Annäherung und unterstreicht, dass die Anforderungen an das erforderliche Differenzmoment eines TV-Systems bei Geradeausfahrt auf μ-Split vergleichsweise einfach zu erheben sind.

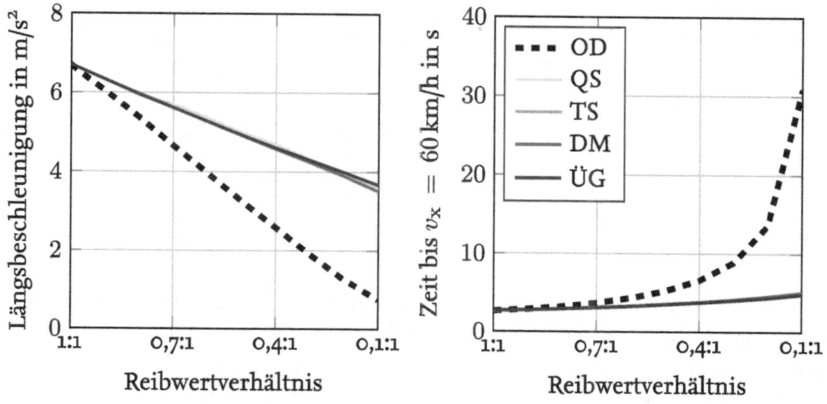

Abbildung 8.8 Simulationsergebnisse des Fahrmanövers Beschleunigen geradeaus auf μ-Split für ein heckgetriebenes Elektrofahrzeug mit offenem Differential (OD), geregelter Quersperre (QS), Torque Splitter (TS), Doppelmotor (DM) und elektrischem Überlagerungsgetriebe (ÜG)

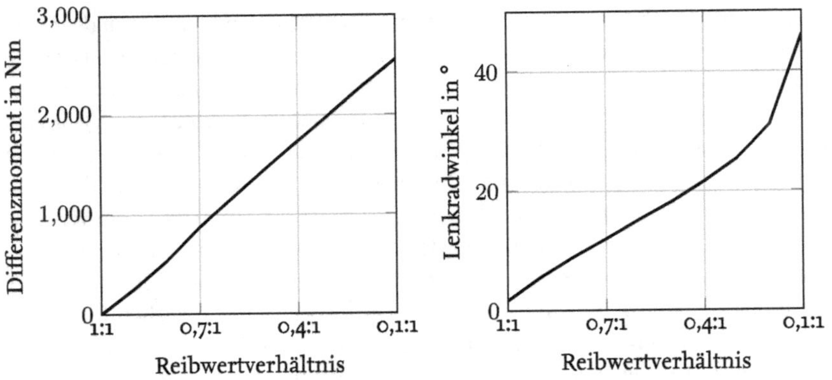

Abbildung 8.9 Simulationsergebnis der erforderlichen Differenzmomente und des einzustellenden Lenkradwinkels für ein heckgetriebenes Elektrofahrzeug im Fahrmanöver Beschleunigen geradeaus auf μ-Split

Tabelle 8.1 Vergleich des erforderlichen Differenzmomentes in Simulation und Berechnung bei einer Beschleunigen geradeaus auf μ-Split

Reibwertverhältnis	Simulation	Berechnung	Abweichung
$1:1$	0 Nm	0 Nm	0 %
$0,7:1$	867 Nm	819 Nm	5, 9 %
$0,4:1$	1742 Nm	1736 Nm	0, 3 %
$0,1:1$	2554 Nm	2510 Nm	1, 7 %

In der rechten Abbildung 8.9 ist zusätzlich der maximal erforderliche Lenkwinkel in Abhängigkeit vom Reibwertverhältnis dargestellt. Dieser steigt nichtlinear an und setzt sich aus zwei Effekten zusammen. Zum einen bewirkt der außermittige Fahrzeugschwerpunkt eine geringe Querbeschleunigung, die der Fahrer ausgleichen muss. Zum anderen führt die Übertragung eines Differenzmoments der TV-Systeme zu einem Giermoment, welches das Fahrzeug auf die Niedrigreibwerseite eindreht und durch Gegenlenken des Fahrers korrigiert werden muss. Die Fahrsituation ist jedoch vergleichsweise einfach zu beherrschen, da der Fahrer das Fahrzeug durch Lösen des Fahrpedals das Fahrzeug stabilisieren kann.

8.3.2 Rekuperieren geradeaus auf μ-Split

Abbildung 8.10 vergleicht die Simulationsergebnisse beim Rekuperieren geradeaus auf μ-Split. Bei diesem Fahrmanöver wird in Anlehnung an DIN ISO 14512 [ISO99] mit einer Anfangsgeschwindigkeit von $v_{x,0s} = 60$ km/h bis zum Stillstand verzögert und die maximale Längsbeschleunigung sowie der Bremsweg gemessen. Mit abnehmendem Reibwert nimmt die maximale Längsverzögerung des Referenzfahrzeugs mit offenem Differential analog zur Beschleunigung ab. Die Niedrigreibwertseite begrenzt die Rekuperation und verhindert höhere Längsverzögerungen. Bei Fahrzeugen mit TV-Systemen bewirkt das Differenzmoment eine Verteilung der Antriebskräfte von der Niedrigreibwertseite auf die Hochreibwertseite. Die Längsverzögerungen sind daher höher und verkürzen den Bremsweg deutlich. Die dafür erforderlichen Differenzmomente sind geringer gegenüber dem Fahrmanöver Beschleunigen gerade auf μ-Split, da die Entlastung der Hinterachse geringere Antriebsmomente ermöglicht.

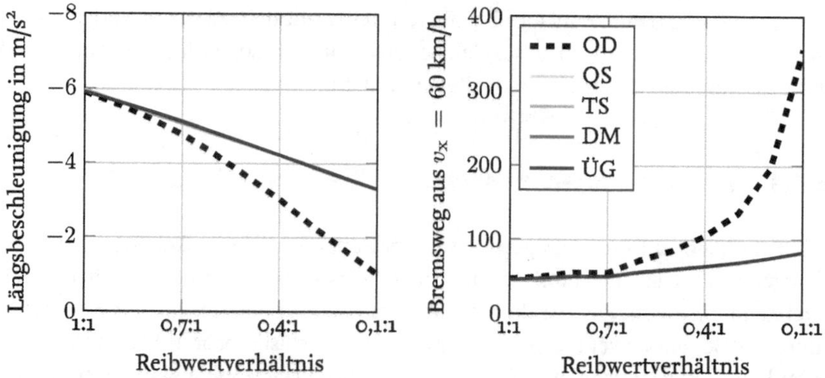

Abbildung 8.10 Simulationsergebnisse des Fahrmanövers Rekuperieren geradeaus auf μ-Split für ein heckgetriebenes Elektrofahrzeug mit offenem Differential (OD), geregelter Quersperre (QS), Torque Splitter (TS), Doppelmotor (DM) und elektrischem Überlagerungsgetriebe (ÜG)

8.4 Querdynamikuntersuchungen

Die Simulationsergebnisse der Querdynamikuntersuchungen werden in den Fahrmanövern Beschleunigen im Kreis im Teilabschnitt 8.4.1, Rekuperieren im Kreis im Teilabschnitt 8.4.2 und die Lastwechselreaktion im Teilabschnitt 8.4.3 ausgewertet. In den Fahrmanövern bildet das Referenzmodell im Querregelkreis das Wunsch-Fahrverhalten ab, wobei die Referenzgierrate nach dem Verfahren von Greger [Gre06] und Meißner [Mei08] berechnet wird. Sie fordern mit zunehmender Geschwindigkeit v_x einen „neutralen Fahrzustand" und damit bei konstantem Kreisbahnradius ρ eine proportional wachsende Gierratendifferenz $\Delta\dot{\psi}_{ref}$ in einem gewünschten Toleranzband. Als Messintervall setzen sie die Reaktionszeit des Fahrers nach ISO 26262 [ISO11] mit einer Sekunde an, sodass gilt:

$$\Delta\dot{\psi}_{ref,1s} = \frac{v_{x,1s} - v_{x,0s}}{\rho} . \tag{8.18}$$

Analog zu den Längsdynamikuntersuchungen dient ein Fahrzeug mit einem offenem Differential und den Parametern 3.1 als Referenz. Mit dem Ziel, das Verhalten der modellierten TV-Systemen zu vergleichen, wird in einer „open-loop" simuliert und der Fahrereinfluss durch Lenkradhalten eliminiert.

8.4.1 Beschleunigen im Kreis

Das Fahrmanöver Beschleunigen im Kreis bewertet die Eigenlenkcharakteristik des Fahrzeugs. Ziel ist ein neutraler Fahrzustand, wobei ein zu starkes Eindrehen in den Kreis und ein zu starkes Ausdrehen aus dem Kreis zu einer negativen Bewertung führt. Zu Beginn bewegt sich das Fahrzeug in einem stationären Fahrzustand auf einer konstanten Kreisbahn mit einer anfänglichen Querbeschleunigung, bevor der Fahrer mit dem Fahrpedal schnellstmöglich die gewünschte Längsbeschleunigung einstellt. In der Simulationsumgebung wird das Beschleunigen im Kreis mit konstantem Radius $\rho = 60$ m und einer Anfangsquerbeschleunigung von $a_{y,0} = 5$ m/s^2 am Rand des linearen Fahrbereichs und $a_{y,0} = 8$ m/s^2 im Grenzbereich umgesetzt.

Abbildung 8.11 stellt die Simulationsergebnisse dar. In der linken Abbildung ist die Eigenlenkcharakteristik des Referenzfahrzeugs mit einem offenen Differential am Rande des linearen Fahrbereichs untersteuernd. Die Ursache hierfür ist die Entlastung und damit Verringerung der an der Vorderachse wirkenden Querkräfte durch die dynamische Radlastverlagerung. Der Einsatz eines TV-Systems erfordert daher eindrehende Giermomente zur Kurveninnenseite. Die geregelte Quersperre ist abhängig von der Raddrehzahldifferenz und kann das erforderliche Differenzmoment nur beim Übergang des kurveninneren Reifens in den Gleitzustand bei erhöhter Längsbeschleunigung übertragen. Der Einsatz des Doppelmotors führt das Fahrzeug zunächst in einen neutralen Fahrzustand, bevor bei erhöhter Längsbeschleunigung die Leistungsgrenzen der eingesetzten elektrischen Maschinen das übertragbare Differenzmoment begrenzen. Das Fahrzeug mit einem Doppelmotor verhält sich daher bei maximaler Längsbeschleunigung wie ein Fahrzeug mit offenem Differential. Der Torque Splitter und das elektrische Überlagerungsgetriebe sind in der Lage, das Differenzmoment in jeder Fahrsituation zu übertragen und damit das Fahrzeug in einen neutralen Fahrzustand zu führen. In der rechten Abbildung verstärken sich die Effekte im Grenzbereich. Der kurveninnere Reifen wechselt aufgrund der wirkenden Querbeschleunigung bereits bei geringen Längsbeschleunigungen in den Gleitzustand, sodass die geregelte Quersperre das Fahrzeug früher in einen neutralen Fahrzustand führen kann. Bei hohen Längsbeschleunigungen gerät das Fahrzeug mit einem offenem Differential ins Übersteuern, da das Reifenkraftpotential des kurveninneren Hinterreifens durch die Antriebskräfte vollständig ausgenutzt wird. In diesem Arbeitspunkt ist daher ein ausdrehendes, stabilisierendes Giermoment erforderlich, welches die geregelte Quersperre aufgrund ihrer Abhängigkeit von der Raddrehzahldifferenz und der Doppelmotor aufgrund seiner Leistungsbegrenzung nicht stellen können 8.12.

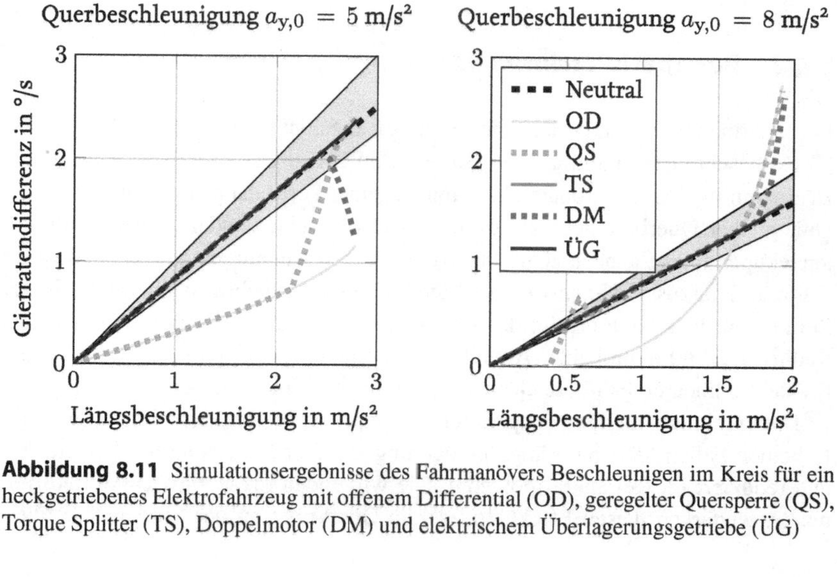

Abbildung 8.11 Simulationsergebnisse des Fahrmanövers Beschleunigen im Kreis für ein heckgetriebenes Elektrofahrzeug mit offenem Differential (OD), geregelter Quersperre (QS), Torque Splitter (TS), Doppelmotor (DM) und elektrischem Überlagerungsgetriebe (ÜG)

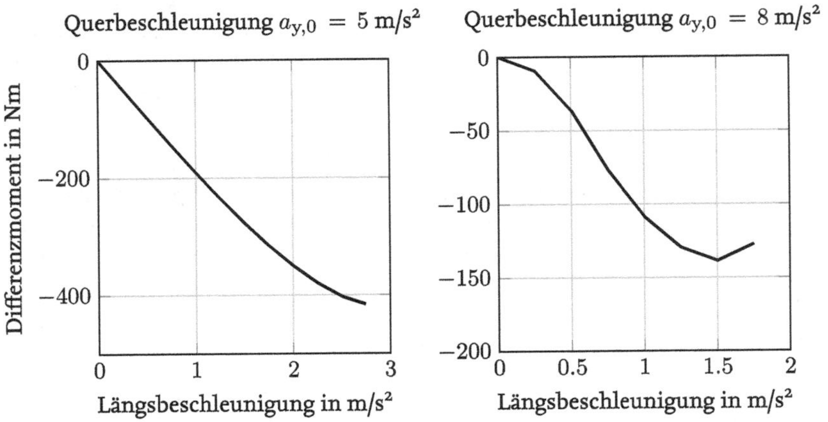

Abbildung 8.12 Simulationsergebnis der erforderlichen Differenzmomente für ein heckgetriebenes Elektrofahrzeug im Fahrmanöver Beschleunigen im Kreis

Abbildung 8.14 zeigt die im Fahrmanöver für einen neutralen Fahrzustand erforderlichen Differenzmomente. Am Rande des linearen Fahrbereichs sind höhere Differenzmomente erforderlich als im Grenzbereich. In beiden Fahrsituationen werden jedoch vergleichsweise geringe Differenzmomente unterhalb der aus den Anforderungen im Abschnitt 6.3 berechneten Differenzmomente benötigt.

8.4.2 Rekuperieren im Kreis

Das Fahrmanöver Rekuperieren im Kreis ist angelehnt an das in DIN ISO 7975 [fS19] beschriebene Fahrmanöver Bremsen im Kreis. Das Fahrzeug befindet sich zu Beginn in einem stationären Zustand auf einer konstanten Kreisbahn mit einer anfänglichen Querbeschleunigung und verzögert anschließend mit einer gewünschten rekuperativen Längsverzögerung. Analog zur Beschleunigung im Kreis wird ein neutraler Fahrzustand angestrebt und die Stabilität des Fahrzeugs bewertet. In der Simulationsumgebung erfolgt das Rekuperieren auf einem Kreis mit konstantem Radius $\rho = 60$ m und einer Anfangsquerbeschleunigung von $a_{y,0} = 5$ m/s^2 am Rande des linearen Fahrbereichs und $a_{y,0} = 8$ m/s^2 im Grenzbereich.

Die Ergebnisse für das Rekuperieren im Kreis sind in Abbildung 8.13 dargestellt. In beiden Fällen führt die Längsverzögerung zu einer Entlastung der Hinterachse und reduziert ihr Reifenkraftpotential. Die wirkenden rekuperativen Antriebsmomente verstärken diesen Effekt, sodass die Querkräfte an der Vorderachse überwiegen. Für das Referenzfahrzeug mit einem offenen Differential ergibt sich ein kritisches übersteuerndes Fahrverhalten. Zur Stabilisierung der Fahrsituation ist ein ausdrehendes Giermoment und damit eine Querverteilung der Antriebskräfte zur Kurveninnenseite erforderlich. Sowohl die geregelte Quersperre als auch der Torque Splitter sind in der Lage, das Fahrzeug in ein neutrales Fahrverhalten zu führen, da durch die höhere Raddrehzahl auf der Kurvenaußenseite ein stabilisierendes Differenzmoment übertragen werden kann. Der Einsatz des Doppelmotors hingegen stabilisiert das Fahrzeug nur bei geringer Längsverzögerung. Bei hohen Längsverzögerungen wirken die Leistungsgrenzen der elektrischen Maschinen, sodass ihre Antriebsmomente das Stellen eines Differenzmomentes verhindern. Das elektrische Überlagerungsgetriebe stabilisiert das Fahrzeug unabhängig vom Arbeitspunkt und führt es in einen neutralen Fahrzustand.

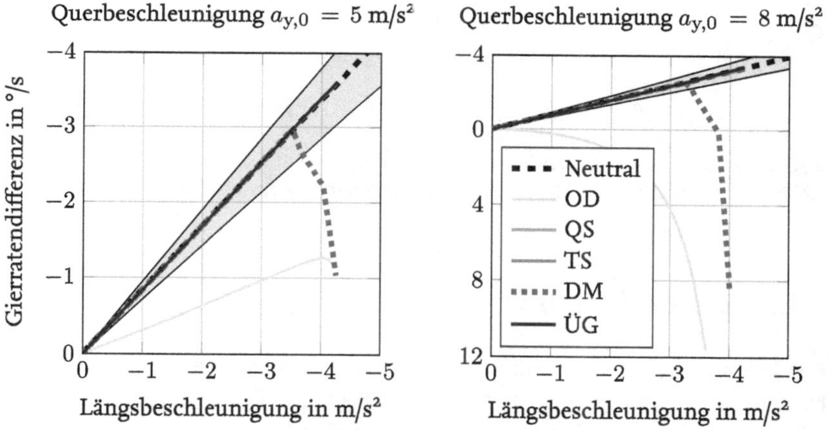

Abbildung 8.13 Simulationsergebnisse des Fahrmanövers Rekupiereren im Kreis für ein heckgetriebenes Elektrofahrzeug mit offenem Differential (OD), geregelter Quersperre (QS), Torque Splitter (TS), Doppelmotor (DM) und elektrischem Überlagerungsgetriebe (ÜG)

Abbildung 8.14 zeigt das erforderliche Differenzmoment zur Stabilisierung der Fahrsituation für einen neutralen Fahrzustand. Die erforderlichen Differenzmomente steigen mit zunehmender Längs- und Querbeschleunigung. Ein Vergleich zwischen dem Beschleunigen und dem Rekuperieren im Kreis zeigt, dass deutlich höhere Differenzmomente erforderlich sind. Der Grund hierfür ist die im Abschnitt 4.1 beschriebene kritische Gegenwirkung der primären und sekundären Giermomente. Die Verteilung der Antriebskräfte zur Kurveninnenseite erhöht den Reifenlängsschlupf, sodass das ohnehin geringe Querkraftpotential an der Hinterachse weiter reduziert wird. Das sekundäre Giermoment verstärkt somit die Übersteuersituation und erfordert ein entsprechend höheres stabilisierendes Differenzmoment.

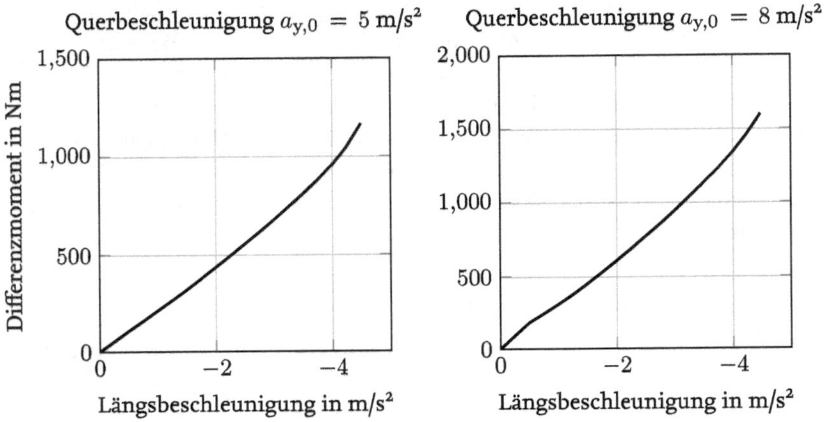

Abbildung 8.14 Simulationsergebnis der erforderlichen Differenzmomente für ein heckgetriebenes Elektrofahrzeug im Fahrmanöver Rekuperieren im Kreis

8.4.3 Lastwechselreaktion

Das Fahrmanöver Lastwechselreaktion ist in der DIN ISO 9816 [fS06] definiert. Der Ausgangszustand ist ein Fahrzeug, das sich auf einer konstanten Kreisbahn mit einer anfänglichen Längs- und Querbeschleunigung bewegt. Zu Beginn des Lastwechsels nimmt der Fahrer schnellstmöglich das Fahrpedal zurück und hält den Lenkradwinkel konstant. Als Wunsch-Fahrverhalten ist nach Heißing [HB02] ein sanftes Eindrehen anzustreben, da die Einleitung des Lastwechsels durch den Fahrer typischerweise in untersteuernden Fahrsituationen erfolgt. In der Simulationsumgebung erfolgt die Lastwechselreaktion auf einem konstanten Radius $\rho = 60$ m aus einer anfänglichen Querbeschleunigung $a_{y,0}$ und einer Längsbeschleunigung $a_{x,0}$. Das Fahrpedal wird in $\Delta T \approx 0,1$ s linear auf FP $= 0$ zurückgenommen.

Abbildung 8.15 zeigt die Ergebnisse der Lastwechselreaktion. Bei einer Anfangslängsbeschleunigung $a_x = 0$ führt der Lastwechsel beim Referenzfahrzeug mit steigender Anfangsquerbeschleunigung zu einer zunehmend leicht übersteuernden Gierratendifferenz. Zur Stabilisierung der Fahrsituation ist ein ausdrehendes stabilisierendes Giermoment erforderlich, das der Übertragung eines Differenzmoments auf die Kurveninnenseite entspricht. Sowohl kupplungsbasierte als auch elektromechanische TV-Systeme können das erforderliche Differenzmoment stellen, da durch das Schließen der Lamellenkupplungen die Drehzahldifferenz zwischen kurveninnerem und kurvenäußerem Rad ausgeglichen wird und keine Leistungsbegrenzung wirkt. Mit zunehmender Anfangslängsbeschleunigung $a_x > 0\,\mathrm{m/s^2}$ wird das Fahrverhalten des Referenzfahrzeugs untersteuernder. Ursache hierfür sind die beim Lastwechsel auf die Hinterachse wirkenden Querkräfte, die durch den Wegfall des Antriebsmoments ansteigen und ein ausdrehendes Giermoment induzieren. Die Fahrsituation erfordert ein Differenzmoment zur Kurvenaußenseite, das von

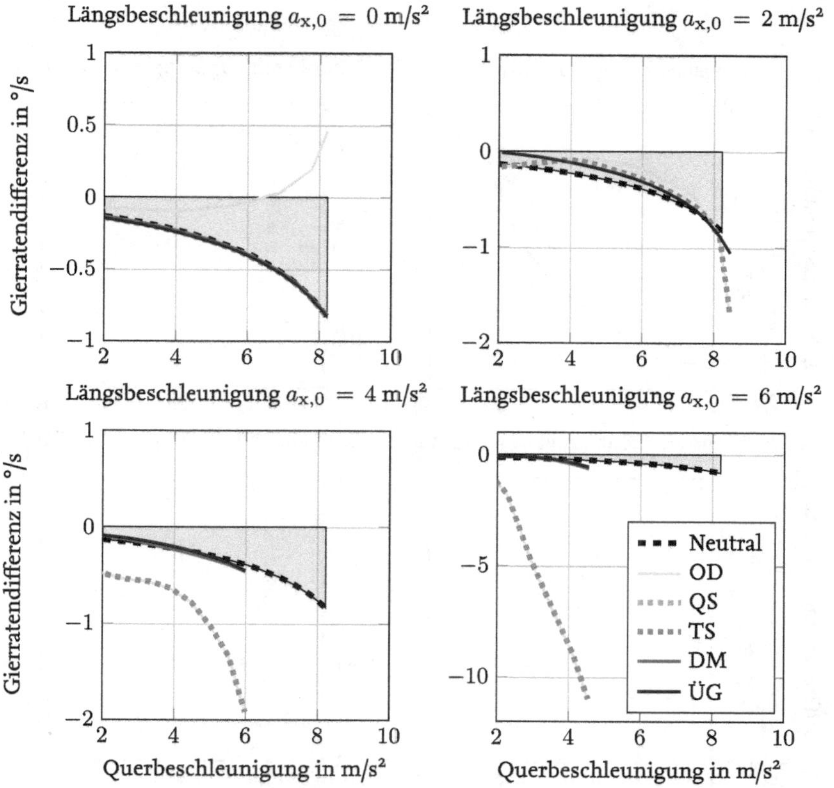

Abbildung 8.15 Simulationsergebnisse des Fahrmanövers Lastwechselreaktion für ein heckgetriebenes Elektrofahrzeug mit offenem Differential (OD), geregelter Quersperre (QS), Torque Splitter (TS), Doppelmotor (DM) und elektrischem Überlagerungsgetriebe (ÜG)

kupplungsbasierten TV-Systemen nicht gestellt werden kann. Elektromechanische TV-Systeme hingegen führen das Fahrzeug weiterhin in einen neutralen Fahrzustand zurück.

Das maximal erforderliche Differenzmoment für die Lastwechselreaktion ist in Abbildung 8.16 dargestellt. Mit zunehmender anfänglicher Längs- und Querbeschleunigung steigen auch die erforderlichen Differenzmomte. Die Fahrsituation mit einer anfänglichen Längsbeschleunigung von $a_x = 6\ \mathrm{m/s^2}$ und einer anfänglichen Querbeschleunigung von $a_y = 4,5\ \mathrm{m/s^2}$ erfordert auch das höchste Differenzmoment $\Delta M_{\mathrm{Diff}} \approx -2467$ Nm in den untersuchten Fahrmanövern.

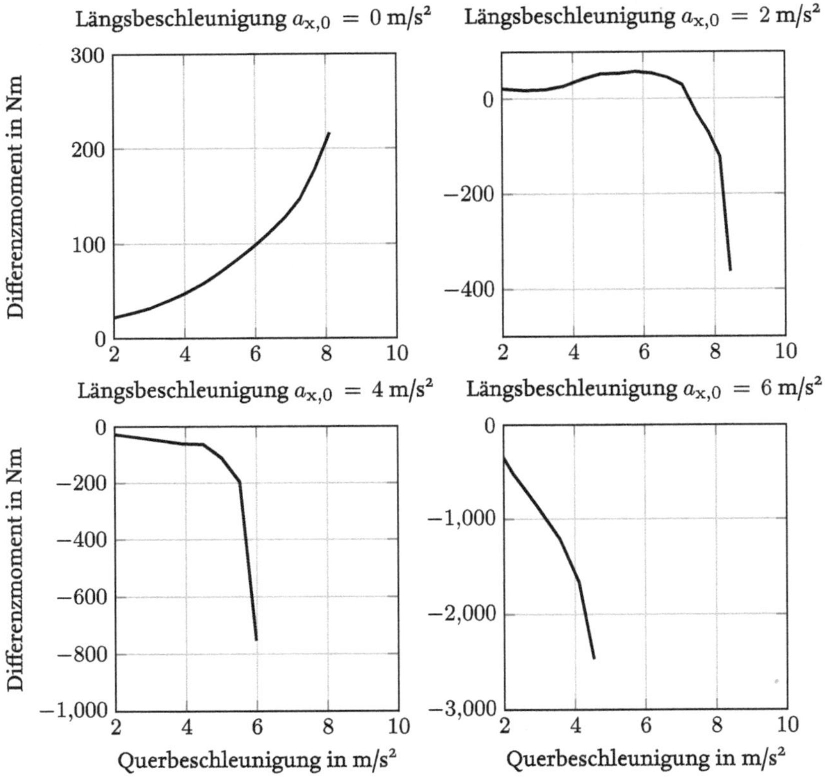

Abbildung 8.16 Simulationsergebnis der erforderlichen Differenzmomente für ein heckgetriebenes Elektrofahrzeug im Fahrmanöver Lastwechselreaktion

8.5 Zusammenfassung der Ergebnisse

In diesem Kapitel wurde das Verhalten eines heckgetriebenen Elektrofahrzeugs mit TV-Systemen in der Simulation auf Grundlage des berechneten Differenzmomentes aus der Anforderungserhebung untersucht. Tabelle 8.2 fasst die Ergebnisse der Fahrmanöver zusammen. Alle Systeme bieten dem Kunden einen Mehrwert beim Beschleunigen und Rekuperieren in μ-Split-Fahrsituationen, durch ein höheres Beschleunigungs- oder Verzögerungsvermögen des Fahrzeugs. Sie unterscheiden sich bei diesen Fahrmanövern nur geringfügig in der Regelgeschwindigkeit und Regelgenauigkeit. Größere Unterschiede bestehen beim Beschleunigen und Rekuperieren im Kreis. Das Untersteuern beim Beschleunigen und das Übersteuern beim Rekuperieren können nur der Torque Splitter und das elektrische Überlagerungsgetriebe vollständig unterdrücken. Die geregelte Quersperre erfordert zur Reduzierung des Beschleunigungsuntersteuerns einen erhöhten Reifenlängsschlupf auf der Kurveninnenseite an der angetriebenen Hinterachse und wirkt somit nur bei hohen Längsbeschleunigungen auf das Fahrverhalten ein. Der Doppelmotor ist nicht in der Lage, das erforderliche Differenzmoment sowohl beim Beschleunigen als auch beim Rekuperieren in der Nähe der maximalen Längsbeschleunigung bereitzustellen, da die Leistungsgrenzen der elektrischen Maschinen eine Übertragung nicht ermöglichen. Deutliche Vorteile gegenüber kupplungsbasierten Systemen haben die elektromechanischen Systeme hingegen bei der Lastwechselreaktion. Während die geregelte Quersperre und der Torque Splitter nur das Übersteuern bei stationärer Kreisfahrt verhindern können und bei beschleunigter Kreisfahrt keinen Mehrwert bieten, können der Doppelmotor und das elektrische Überlagerungsgetriebe das Fahrzeug in dieser Fahrsituation agilisieren und das Untersteuern reduzieren.

Tabelle 8.2 Zusammenfassung der Längs- und Querdynamikuntersuchungen bei einem heckgetriebenen Elektrofahrzeug zwischen einer geregelter Quersperre (QS), Torque Splitter (TS), Doppelmotor (DM) und elektrischem Überlagerungsgetriebe (ÜG)

Fahrmanöver	QS	TS	DM	ÜG
Beschleunigen geradeaus	+	+	+	+
Rekuperieren geradeaus	+	+	+	+
Beschleunigen im Kreis	0	+	0	+
Rekuperieren im Kreis	+	+	0	+
Lastwechselreaktion	−	−	+	+

9 Zusammenfassung

Die Zielsetzung dieser Arbeit war es, eine Methodik zu konzipieren, mit der allgemeingültige Anforderungen an Torque Vectoring (TV)-Systeme in Elektrofahrzeugen erhoben werden können. Auf Grundlage dieser Anforderungen sollten mögliche Systeme zur Umsetzung des TV untersucht und verglichen werden.

Zur Erarbeitung dieser Zielsetzung wurden zunächst der aktuelle Forschungsstand zur Anforderungserhebung an TV-Systeme in konventionellen und Elektrofahrzeugen sowie neue Methoden aus der Fahrwerksentwicklung aufgezeigt. So erfolgte in bisherigen Arbeiten die Anforderungserhebung an TV-Systeme in der Simulation und im Fahrversuch anhand ausgewählter Fahrmanöver auf Basis fahrdynamischer Zieleigenschaften. Diese Ansätze sind jedoch für den Fahrzeughersteller sehr aufwändig, da für die Integration in die Simulation detaillierte Fahrzeugdaten, -modelle und Regelsysteme benötigt werden. In der Fahrwerksentwicklung werden daher neue Methoden eingesetzt, um bereits auf der Systemebene des V-Entwicklungsmodells Zielwerte für Reifen, Lenkung, Achs- und Elastokinematik unter Berücksichtigung des zu erwartenden Arbeitsraums des Fahrzeugs sowie der vom Fahrzeughersteller und Kunden gewünschten Fahreigenschaften zu ermitteln. Da die technische Umsetzung für TV-Systeme jedoch noch nicht erfolgt ist, setzt diese Arbeit hier an.

Zu diesem Zweck sollte dem Leser zunächst ein Überblick über das Potential des TV gegeben werden, wobei die Grenzanforderungen im Rahmen einer analytischen Berechnung ermittelt wurden. Die Ableitung der Grenzanforderungen erfolgte hierbei aus dem dynamischen Reifenkraftpotential bei Geradeaus- und Kurvenfahrt, welches aus der Kraftausnutzung durch auf den Reifen wirkende Längs- und Querkräfte bestimmt werden konnte. Mit Hilfe dieser Berechnung konnten zudem die Vorteile des TV, ein größerer Stabilitätsbereich in der Längs- und Querbeschleunigungsebene sowie ein erhöhtes Beschleunigungsvermögen, nachgewiesen werden.

N. Gruner, *Konzeptentwicklung einer Methodik zur Anforderungserhebung für Torque Vectoring Systeme in Elektrofahrzeugen*, AutoUni – Schriftenreihe 178,
https://doi.org/10.1007/978-3-658-49168-0_9

Darüber hinaus war die analytische Berechnung bereits ausreichend geeignet, um die Anforderungen an die Längsdynamik zu ermitteln, nicht jedoch für die Querdynamik.

Im Anschluss an die Potentialanalyse wurde daher die Methodik zur Berechnung der Anforderungen an die Querdynamik vorgestellt. Als Grundlage fungiert ein Vergleich zwischen dem Grundfahrverhalten und dem Wunsch-Fahrverhalten eines Fahrzeugs, aus dem sich der erforderliche Stelleingriff des TV ergibt. Das Grundfahrverhalten resultiert hierbei aus einem unveränderten Fahrzeugmodell, welches die stationäre und dynamische Fahrzeugbewegung eines ungeregelten Fahrzeugs abbildet. Das Wunsch-Fahrverhalten wird dagegen aus dem in der Automobilindustrie verwendeten Modellfolgeregelkreis abgeleitet, bei dem die vom Fahrzeughersteller gewünschten Fahreigenschaften in ein faktorisiertes Fahrzeugmodell, das sogenannte Referenzmodell, zu applizieren sind. Um eine Applikation des Referenzmodells zu Beginn des V-Entwicklungsmodells zu ermöglichen, wird mit Hilfe von Algorithmen des maschinellen Lernens und einer Datenbasis bereits applizierter Fahrzeuge eine Vorapplikation berechnet.

Für die Anforderungserhebung musste zusätzlich der zu erwartende Arbeitsraum eines Fahrzeuges untersucht werden, wobei zwischen einem „Normalfahrer“ und einem „Sportfahrer“ unterschieden wurde. In Abhängigkeit vom Fahrertyp konnte dann mit Hilfe der Potenzialanalyse für die Längsdynamik sowie der vorangegangenen Methodik für die Querdynamik der erforderliche Stelleingriff des TV-Systems berechnet werden und zur Validierung im Fahrversuch mit den realen Stelleingriffen verglichen werden.

Abschließend wurde in der Simulation ein neutraler Vergleich der potentiellen TV-Systeme auf Basis der erhobenen Anforderungen durchgeführt. Dazu wurde der gesamte Antriebsstrang mit offenem Differential sowie optional mit geregelter Quersperre, Torque Splitter, Doppelmotor und elektrischem Überlagerungsgetriebe modelliert. Zusätzlich wurde zur Regelung ein Längs-, Quer- und Schlupfregelkreis in die Simulationsumgebung integriert. Der Vergleich erfolgte in den Fahrmanövern Beschleunigen und Rekuperieren Geradeaus, Beschleunigen und Rekuperieren im Kreis sowie der Lastwechselreaktion zwischen einem Referenzfahrzeug mit offenem Differential und den Fahrzeugen mit den TV-Systemen.

Zusammenfassend wird in dieser Arbeit eine Methodik beschrieben, die Fahrzeugherstellern eine vereinfachte Berechnung des erforderlichen Momenten- und Leistungsbedarfs für TV-Systeme ermöglicht. Grundlage dafür sind die Anforderungen der Längs- und Querdynamik eines Zielfahrzeugs. Die Ergebnisse zeigen, dass die Anforderungen der Längsdynamik zu einem höheren erforderlichen Momentenbedarf führen. Der maximale Momentenbedarf des TV-Systems wird in dem Fahrmanöver Beschleunigung geradeaus auf μ-Split erzielt. Der höchste

Leistungsbedarf, der sich aus der Multiplikation des erforderlichen Momentenbedarfs und der Raddrehzahldifferenz ergibt, resultiert dagegen aus den Querdynamikanforderungen am Rand des fahrdynamisch relevanten Fahrbereichs. Zur Definition des fahrdynamisch relevanten Fahrbereichs werden die Arbeitsräume eines Normalfahrers und eines sportlichen Fahrers ermittelt. Unter Zuhilfenahme dieser Arbeitsräume erfolgt modellbasiert die Berechnung des erforderlichen Momentenbedarfs in Abhängigkeit zur Raddrehzahldifferenz aus der Differenz zwischen dem Grund- und Wunschfahrverhalten des Zielfahrzeugs. Das Ergebnis der Anforderungserhebung für das TV-System ergibt sich aus der Addition der Längsdynamik- und Querdynamikanforderungen. Tabelle 9.1 fasst den berechneten maximalen Leistungs- und Momentenbedarf zusammen, wobei die Fahrzeugdaten aus Anhang ?? dienten.

Tabelle 9.1 Maximaler Leistungs- und Momentenbedarf für einen Normalfahrer und einen sportlichen Fahrer für ein TV-System unter Verwendung der Fahrzeugdaten aus dem Anhang ??

	Momentenbedarf	Leistungsbedarf
Normalfahrer	1500 Nm	5, 45 kW
Sportlicher Fahrer	2640 Nm	12 kW

Die Methodik ermöglicht ausblickend eine Anforderungserhebung für weitere Systeme zur Beeinflussung der Querdynamik sowie die Definition von Zielen in der Fahrzeugentwicklung. Eine Anwendung auf weitere Systeme (zum Beispiel Steer-by-Wire oder Brake-by-Wire Systeme) und Bereiche in der Fahrzeugentwicklung (zum Beispiel die funktionale Sicherheit) ist denkbar. Auf Basis der in dieser Arbeit berechneten erforderlichen Momenten- und Leistungsbedarfe ist der nächste Schritt, die Anforderungen auf die Komponentenebene der TV-Systeme herunterzubrechen und deren Vor- und Nachteile detailliert zu untersuchen. Dies betrifft einerseits die Optimierung kupplungsbasierter Systeme und andererseits den Vergleich elektrischer Maschinen mit und ohne Getriebeübersetzungsstufe.

Literaturverzeichnis

[Abe19] Hendrik Abel. *Entwicklung einer Fahrwerkauslegungsmethode für PKW zur Anwendung in der Konzeptphase*, volume 11. Cuvillier Verlag, 2019.

[Ats05] Y Atsumi. Development of sh-awd (super handling-all wheel drive) system. *Presentation, Vehicle Dynamics EXPO*, 2005.

[Bar04] Thomas Barthenheier. *Potenzial einer fahrertyp-und fahrsituationsabhängigen Lenkradmomentgestaltung*. PhD thesis, Technische Universität, 2004.

[BD01] Stefan Berkner and Holger Duda. Beeinflussung der querdynamik von pkw durch aktive fahrwerke. In *Driveability*. Haus der Technik, Essen, 2001.

[BDGZ03] H Becker, E Donner, B Graab, and R Zobel. Grosszahlenmaterial, ïndepthërhebungen und einzelfallanalyse, werkzeuge zur verbesserung der fahrzeugsicherheit im volkswagenkonzern. *1. Dresdner Tagung Verkehrssicherheit Interdisziplinaer, Dresden, 27.–28. Juni 2003. Tagungsband*, 2003.

[Bei00] S Beicker. Verbesserungsmöglichkeiten des Fahrverhaltens von Pkw durch zusammenwirkende Regelsysteme, 2000.

[Bre98] Joerg J Breuer. Analysis of driver-vehicle-interactions in an evasive manoeuvre-results of 'moose test'studies. In *Proc. 16th ESV Conf., Paper*, number 98–S2, 1998.

[Bun22] Die Bundesregierung. Nachhaltige mobilität gestalten und fördern: Bundesregierung. https://www.bundesregierung.de/breg-de/schwerpunkte/klimaschutz/nachhaltige-mobilitaet-2044132#:~:text=15%20Millionen%20E%2DAutos%20bis,die%20Bundesregierung%20mit%20einem%20Umweltbonus., Dezember 2022. [Online; Zugegriffen: 18.03.2024].

[Car19] IPG CarMaker. Reference manual (v 8.1. 1). *IPG Automotive GmbH: Karlsruhe, Germany*, 2019.

[Cen15] Ford Media Center. Neuer Ford Focus RS überzeugt mit Allradantrieb und Hochleistungs-Technologien. https://media.ford.com/content/fordmedia/feu/de/de/news/2015/03/03/neuer-ford-focus-rs-ueberzeugt-mit-allradantrieb-und-hochleistun.html, März 2015. [Online; Zugegriffen: 13.03.2023].

[Dai96] Armin Daiß. *Beobachtung fahrdynamischer Zustände und Verbesserung einer ABS-und Fahrdynamikregelung*. VDI Verlag, 1996.

[DB03] Holger Duda and Stefan Berkner. Integrale fahrdynamikregelung mit bremse und fahrwerk. Haus der Technik, Essen, 2003.

N. Gruner, *Konzeptentwicklung einer Methodik zur Anforderungserhebung für Torque Vectoring Systeme in Elektrofahrzeugen*, AutoUni – Schriftenreihe 178,
https://doi.org/10.1007/978-3-658-49168-0

[DBB+97] Holger Duda, Gerhard Bouwer, J Bauschat, Klaus-Uwe Hahn, et al. A model following control approach. In *Robust Flight Control*, pages 116–124. Springer, 1997.

[Dec09] Medon Decker. *Zur Beurteilung der Querdynamik von Personenkraftwagen*. PhD thesis, Technische Universität München, 2009.

[Dep24] Statista Research Department. E-autos – prognose zum bestand bis 2030. https://de.statista.com/statistik/daten/studie/1425629/umfrage/e-auto-bestand-prognose/, Januar 2024. [Online; Zugegriffen: 18.03.2024].

[DFSB20] Joachim Doerr, Gerhard Fröhlich, Arthur Stroh, and Marc Baur. Das elektrische antriebssystem mit drei-motor-layout im audi e-tron s. *MTZ-Motortechnische Zeitschrift*, 81(7):18–27, 2020.

[DGPS07] Rainer Denzler, Claus Granzow, Robert Peter, and Martin Spieß. Das hinterachsgetriebe vector drive. *ATZ-Automobiltechnische Zeitschrift*, 109(12):1106–1115, 2007.

[Eck15] Michael Eckert. *Energieoptimale Fahrdynamikregelung mehrmotoriger Elektrofahrzeuge*, volume 31. KIT Scientific Publishing, 2015.

[EvZ95] R Erhardt and Anton van Zanten. Die regelung der fahrdynamik im physikalischen grenzbereich. *VDI-Berichte*, 1224:423–38, 1995.

[FBTK10] Reiner Folke, Ralph Böker, Adrian Thomys, and Lars König. Torque vectoring – ein neuer freiheitsgrad bei e-fahrzeugen. *ATZ-Automobiltechnische Zeitschrift*, 112(6):404–408, 2010.

[FKL+22] Otto Föllinger, Ulrich Konigorski, Boris Lohmann, Günter Roppenecker, and Ansgar Trächtler. *Regelungstechnik: Einführung in die Methoden und ihre Anwendung*. Lehrbuch Studium. VDE Verlag GmbH, Berlin and Offenbach, 12., überarbeitete auflage edition, 2022.

[FLH13] Jan Feustel, Stefan Lang, and Morris Hand. Der supersportwagen sls amg electric drive. *ATZ-Automobiltechnische Zeitschrift*, 115(1):8–14, 2013.

[Flo11] Thomas Flor. Embedded software-engineering im bereich automotive. Vorlesungsskript, 2011.

[FPBB04] Gerhard Fischer, Werner Pfau, Hans-Stefan Braun, and Christian Billig. xdrive – der neue allradantrieb im bmw x3 und bmw x5. *ATZ-Automobiltechnische Zeitschrift*, 106(2):92–103, 2004.

[FPHK10] Lars Frömmig, Torben Pawellek, Roman Henze, and Ferit Küçükay. Vergleich unterschiedlicher systeme zur aktiven antriebsmomentenquer-verteilung. *ATZ-Automobiltechnische Zeitschrift*, 112(6):468–473, 2010.

[Frö12] Lars Frömmig. *Simulation und fahrdynamische Analyse querverteilender Antriebssysteme*. Shaker, 2012.

[fS99] International Organisation for Standardization. *Passenger Cars: Test Tracks for a Severe Lane-change Manoeuvre: Part 1: Double Lane-change*. International Organisation for Standardization, 1999.

[fS06] International Organization for Standardization. Passenger cars: power-off reaction of a vehicle in a turn: open-loop test method (iso 9816: 2006, idt), 2006.

[fS19] International Organization for Standardization. Passenger cars – braking in a turn – open-loop test method, 2019.

[Fuc93] Johann Fuchs. *Beitrag zum Verhalten von Fahrer und Fahrzeug bei Kurvenfahrt*. VDI-Verlag, 1993.

[Gen22] Genesis. Gv60 performance – fÜr jeden fahrertyp. https://www.genesis.com/de/de/models/gv60/performance.html, 2022. [Online; Zugegriffen: 08.03.2023].

[Göt04] Gunther Götting. *Dynamische Antriebsregelung von Elektrostraßenfahrzeugen unter Berücksichtigung eines schwingungsfähigen Antriebsstrangs*. Shaker, 2004.

[Gre06] Matthias Greger. *Auswirkungen einer variablen Momentenverteilung auf die Fahrdynamik*. PhD thesis, Technische Universität München, 2006.

[HB02] Bernd Heißing and Hans Jürgen Brandl. *Subjektive Beurteilung des Fahrverhaltens*. 2002.

[Hei77] Bernd Heißing. *Ein Beitrag zur objektiven Bewertung des fahrdynamischen Verhaltens von Pkw auf der Grundlage einer Fahrzeugsimulation*. Westdeutscher Verlag, 1977.

[HSGW13] Bernd-Robert Hoehn, Karsten Stahl, Philipp Gwinner, and Ferdinand Wiesbeck. Torque-vectoring driveline for electric vehicles. In *Proceedings of the FISITA 2012 World Automotive Congress: Volume 3: Future Auto-motive Powertrains (I)*, pages 585–593. Springer, 2013.

[HSL+11] BR Hoehn, K Stahl, M Lienkamp, C Wirth, F Kurth, and F Wiesbeck. Electromechanical power train with torque vectoring for the electric vehicle mute of the tu münchen. *Getriebe in Fahrzeugen*, pages 77–95, 2011.

[HWK09] BR Höhn, Ch Wirth, and F Kurth. Aktives differential mit torquevectoringfunktion. In *Automobiltechnisches Kolloquium, München*, 2009.

[Ins21] GMC Insider. Electric truck – teams up for off-road extreme e racing series. https://www.gmc.com/electric/hummer-ev/insider/extreme-e-racing, 2021. [Online; Zugegriffen: 08.03.2023].

[ISO84] DIN ISO. 4138: Straßenfahrzeuge – stationäre kreisfahrt. *Deutsches Institut für Normung eV, Berlin*, 1984.

[ISO89] DIN ISO. 7401: Straßenfahrzeuge – testverfahren für querdynamisches übertragungsverhalten. *Deutsches Institut für Normung eV, Berlin*, 1989.

[ISO99] DIN ISO. 14512: 1999–12: Personenkraftwagen – bremsen bei geradeausfahrt auf einseitig glatter fahrbahn – testverfahren im offenen regelkreis. *Berlin*. DOI, 12, 1999.

[ISO11] Din ISO. 26262:2018: Straßenfahrzeuge – funktionale sicherheit, 2011.

[ISO13] DIN ISO. 8855: 2013–11: Straßenfahrzeuge-fahrzeugdynamik und fahrverhalten-begriffe. *Berlin*. DOI, 10, 2013.

[Jae21] Martin Jaensch. *Einsatzpotentiale von Transferpfadanalysen zur Beurteilung des Fahrkomforts*. Shaker Verlag, 2021.

[Jan07] Andreas Janßen. *Repräsentative lastkollektive für fahrwerkkomponenten*. Shaker, 2007.

[Kai15] Gerd Kaiser. *Torque vectoring-linear parameter-varying control for an electric vehicle*. Technische Universität Hamburg, 2015.

[Kas19] Stephan Kaspar. *Fahrdynamikuntersuchungen eines Elektrofahrzeugs mit Einzelrad-Hinterradantrieb*, volume 5. KIT Scientific Publishing, 2019.

[KB24] Kraftfahrt-Bundesamt. Der fahrzeugbestand am 1. januar 2024. https://www.kba.de/DE/Presse/Pressemitteilungen/Fahrzeugbestand/2024/pm08_fz_bestand_pm_komplett.html, März 2024. [Online; Zugegriffen: 18.03.2024].

[Kel22] Florian Keller. *Fahrdynamikuntersuchungen elektrischer Torque Vectoring Systeme*. Fakultät Maschinenbau und Werkstofftechnik, Hochschule Aalen, 2022.

[KGM13] Lars König, Benjamin Gutmayer, and Dominik Merlein. Entwicklung einer integrierten fahrdynamikregelung. *ATZextra*, 18(2):36–41, 2013.

[KSBH14] Stephan Kaspar, Ralf Stroph, Tilman Bünte, and Sören Hohmann. Fahrdynamikoptimierung mittels torque vectoring bei einem bauraumoptimierten elektrofahrzeug. *ATZ-Automobiltechnische Zeitschrift*, 116(2):72–78, 2014.

[Lau07] Nando Laumanns. *Integrale Reglerstruktur zur effektiven Abstimmung von Fahrdynamiksystemen*. Forschungsgesellschaft Kraftfahrwesen mbH Aachen (fka), 2007.

[LE11] Sebastian Loos and Lutz Eckstein. Vehicle dynamics control for electric vehicles with single wheel drive. In *20st Aachen colloquium automobile and engine technology*, volume 2011. RWTH Aachen University Aachen, 2011.

[LL88] Andreas Laschet and Andreas Laschet. Vorgehensweise bei der modellgenerierung für die simulation von torsionsschwingungen. *Simulation von Antriebssystemen: Modellbildung der Schwingungssysteme und Beispiele aus der Antriebstechnik*, pages 19–63, 1988.

[Luc22] Lucid. Performance. https://www.lucidmotors.com/de-de/air/performance, 2022. [Online; Zugegriffen: 08.03.2023].

[MDD99] Marcus Menne and Rik De Doncker. Non-linear dynamic model of an electric vehicle drivetrain, conference proceedings on cd-rom. In *Electric Vehicle Symposium*, volume 16, 1999.

[Med21a] Audi MediaCenter. Fahrwerk. https://www.audi-mediacenter.com/de/emotionales-design-und-revolutionaere-technikder-audi-e-tron-gt-quattro-und-der-audi-rs-e-tron-gt-13655/fahrwerk-13786, März 2021. [Online; Zugegriffen: 08.03.2023].

[Med21b] Audi Mediacenter. Mehr quer: Torque Splitter im neuen Audi RS 3. https://www.audi-mediacenter.com/de/pressemitteilungen/mehr-quer-torque-splitter-im-neuen-audi-rs-3-14067, Juli 2021. [Online; Zugegriffen: 10.03.2023].

[Mei05] Christian Meixner. Antriebsvorrichtung für Kraftfahrzeuge, Dezember 2005.

[Mei08] Tim Christopher Meißner. *Verbesserung der Fahrzeugquerdynamik durch variable Antriebsmomentenverteilung*, volume 5. Cuvillier Verlag, 2008.

[Mih16] Adrian Mihailescu. *Effiziente Umsetzung von Querdynamik-Zieleigenschaften durch Fahrdynamikregelsysteme*. Forschungsgesellschaft Kraftfahrwesen Aachen, 2016.

[MK85] Martin Marchand and Fu Kh. Frequency domain parameter estimation of aeronautical systems without and with time delay. *IFAC Proceedings Volumes*, 18(5):669–674, 1985.

[MTT+09] Ryoji Mizutani, Michitaka Tsuchida, Yasuaki Tahara, Tomohiro Fukushima, and Masafumi Sakuma. Antriebskraftsteuervorrichtung für ein Fahrzeug mit Vierradantrieb, Februar 2009.

[MW14] Manfred Mitschke and Henning Wallentowitz. *Dynamik der kraftfahrzeuge*, volume 5. Springer, 2014.

[New12] Honda Newsroom. Acura rlx concept makes world debut in new york. https://global.honda/newsroom/worldnews/2012/4120404Acura-RLX-Concept.html, April 2012. [Online; Zugegriffen: 09.03.2023].

[New15] Honda News. Acura NSX der nächsten Generation in Detroit enthüllt. https://www.honda.de/cars/world-of-honda/news-events/2015-01-13-acura-nsx-der-naechsten-generation-in-detroit-enthuel.html, Januar 2015. [Online; Zugegriffen: 16.03.2023].

[New19] Porsche Newsroom. Der antrieb: Performance pur. https://newsroom.porsche.com/de/produkte/taycan/antrieb-18543.html, September 2019. [Online; Zugegriffen: 08.03.2023].

[Nie13] Erika Nielsen. BorgWarner debuts first-to-market electronic front-wheel drive technology on the Volkswagen Golf GTI. November 2013.

[Nil20] Kristoffer Nilsson. Torque Vectoring Device, September 2020.

[NT19] Masaru Nishihara and Hiroshi Takahashi. Optimized wet clutch design. In *SAE Technical Paper Series*, number 2019-32-0553. SAE International, 2019.

[Ort21] Ortlinghaus-Werke GmbH. *Technische Grundlagen Lamellenkupplungen und -bremsen*. Ortlinghaus-Werke GmbH, 2021.

[OSB92] Alan V Oppenheim, Ronald W Schafer, and John R Buck. *Zeitdiskrete Signalverarbeitung*, volume 2. Oldenbourg München Wien, 1992.

[Pac12] Hans Pacejka. *Tire and vehicle dynamics*. Elsevier, 2012.

[Pet20] Yannik Peters. *Ein Beitrag zur Entwicklung eines zentralen Fahrwerkreglers*. PhD thesis, Dissertation, Duisburg, Essen, Universität Duisburg-Essen, 2020, 2020.

[PGY+06] Damrongrit Piyabongkarn, John Grogg, Qinghui Yuan, Jae Lew, and Rajesh Rajamani. Dynamic modeling of torque-biasing devices for vehicle yaw control. Technical report, SAE Technical Paper, 2006.

[PH13] Peter Pfeffer and Manfred Harrer. *Lenkungshandbuch*. Springer, 2013.

[Pin09] U Pinschmidt. The new sport differential in the audi s4. *Getriebe in Fahrzeugen 2009*, 2009.

[Pol22] Polestar. Performance. https://www.polestar.com/de/polestar-3/performance, 2022. [Online; Zugegriffen: 08.03.2023].

[Pre16] Porsche Pressemappe. Porsche-Fahrwerkentwicklung – Porsche Torque Vectoring PTV und PTV Plus, 2016.

[Pre22] Kia Presseinformation. An der leistungsspitze angekommen. https://press.kia.com/at/at/home/press-releases/2022/an-der-leistungsspitze-angekommen.html, August 2022. [Online; Zugegriffen: 08.03.2023].

[PRH09] Christoph Pelchen, Thomas Rosemeier, and Bernd-Robert Höhn. Getriebevorrichtung, Juni 2009.

[RH84] Klaus Rompe and Bernd Heißing. *Objektive Testverfahren für die Fahreigenschaften von Kraftfahrzeugen: Quer-u. Längsdynamik; Erfahrungsbericht aus dem Institut für Verkehrssicherheit des TÜV Rheinland eV, Köln*. Verlag TÜV Rheinland, 1984.

[Sch07] Erich Schindler. *Fahrdynamik: Grundlagen Des Lenkverhaltens Und Ihre Anwendung Für Fahrzeugregelsysteme*, volume 685. expert verlag, 2007.

[Sch15] Dierk Schröder. *Elektrische Antriebe-Regelung von Antriebssystemen*. Springer Berlin Heidelberg, 2015.

[Sch20] Patrick Schäfer. Neuer VW Golf R bekommt Allradantrieb mit Torque Vectoring . https://www.springerprofessional.de/kompaktwagen/fahrzeugtechnik/neuer-vw-golf-r-bekommt-allradantrieb-mit-torque-vectoring/18553078, November 2020. [Online; Zugegriffen: 10.03.2023].

[See20] Carl-Philipp Seekamp. *Längs-und querdynamisches Potenzial von mechanischen und elektrifizierten Allradantrieben*. Shaker Verlag, 2020.

[SHB+10] Dieter Schramm, Manfred Hiller, Roberto Bardini, et al. *Modellbildung und simulation der dynamik von Kraftfahrzeugen*, volume 124. Springer, 2010.

[Six22] Fabian Six. *Fahrdynamikuntersuchungen elektrischer Torque Vectoring Systeme anhand ausgewählter Fahrmanöver*. Institut für mobile Maschinen und Nutzfahrzeuge, Technische Universität Braunschweig, 2022.

[SKK+97] Y Shibahata, N Kuriki, K Kitamura, K Honda, K Wada, H Kajiwara, A Nori, K Kuwahara, and S Okuma. Development of left-right torque distribution system. *HONDA R&D Technical Review*, 9:166180, 1997.

[SMF04] R Schwarz, T Meißner, and J Fuchs. Integration von allradsystemen im fahrwerkregelverbund – potential für mehr fahrdynamik und sicherheit, 3. In *Internationales CTI-Symposium Innovative Fahrzeuggetriebe, Würzburg*, 2004.

[SS10] Sebastian Straßer and Ralf Schwarz. Achsantriebsvorrichtung für eine Achse eines Kraftfahrzeugs sowie Kraftfahrzeug, August 2010.

[Sto22] Rivian Stories. Rivian drive systems, decoded – get to know our dual-motor, enhanced dual-motor and quad-motor. https://stories.rivian.com/difference-between-r1-drive-systems, Dezember 2022. [Online; Zugegriffen: 09.03.2023].

[SUM06] Kaoru Sawase, Yuichi Ushiroda, and Takami Miura. Left-right torque vectoring technology as the core of super all wheel control (s-awc). *Mitsubishi Motors Technical Review*, 18:16–23, 2006.

[SW16] Susanne Seher-Weiß. Fitlabgui – a versatile tool for data analysis, system identification and helicopter handling qualities analysis. 2016.

[Tea23] The Tesla Team. Model S Plaid. https://www.tesla.com/de_de/models, Januar 2023. [Online; Zugegriffen: 08.03.2023].

[TR12] Mark B Tischler and Robert K Remple. *Aircraft and rotorcraft system identification*. American Institute of Aeronautics and Astronautics Reston, VA, 2012.

[Trä05] Ansgar Trächtler. Integrierte fahrdynamikregelung mit esp, aktiver lenkung und aktivem fahrwerk (integrated vehicle dynamics control using active brake, steering, and suspension systems). *at-Automatisierungstechnik*, 53(1):11–19, 2005.

[vZ+02] Anton van Zanten et al. Evolution of electronic control systems for improving the vehicle dynamic behavior. In *Proceedings of the 6th International Symposium on Advanced Vehicle Control*, volume 2, page 9. Citeseer, 2002.

[Wal00] H Wallentowitz. Vertikal-/querdynamik von kraftfahrzeugen. *Auflage, Schriftenreihe Automobiltechnik, Aachen*, 2000.

[Wei15] Michael Wein. *Konzeption eines elektrifizierten Allradantriebs für ein Plug-In Hybridfahrzeug*. fka Forschungsgesellschaft Kraftfahrwesen mbH, 2015.

[WGSP19] Michael Wein, Christian Graf, Sebastian Strasser, and Stephan Poltersdorf. Der elektrische allradantrieb des audi e-tron. *ATZ-Automobiltechnische Zeitschrift*, 121(6):16–21, 2019.

[Wit95] Bastian Witte. *Stabilisierung der Gierbewegung eines Kraftfahrzeugs in kritischen Fahrsituationen*. VDI-Verlag, 1995.

[WRBP15] Steffen Wagner, Magnus Rau, H Beier, and Günther Prokop. Eine realfahrtdatenbasierte methode zur einbindung des normalfahrers in die funktionsentwicklung einer aktiven hinterachslenkung. *VDI-Bericht Nr*, 2264, 2015.